作者简介

多里安·卢卡斯（Dorian Lucas），1974年出生于康斯坦茨湖地区（Lake Constance），在德国和法国学习摄影和设计。毕业后，先后在法国、德国和瑞士的多家国际公司担任产品设计师。除此之外，他还是一名活跃的自由撰稿人和研究员。通过几个研究项目，他在可持续发展领域获得了广泛的专业知识。主要作品有《瑞士设计》《德国室内设计》《平面设计》和《绿色设计》（全2册）等。

译者简介

王文波，资深工业设计师，中国计量大学现代科技学院工业设计专业讲师。先后毕业于南昌大学机械工程系和北京理工大学设计艺术学院。曾在杭州中艺实业股份有限公司工作多年，从事家具与灯具设计等，获得多项专利。后进入高校担任教师至今，曾指导学生获得德国红点设计奖等多项国内外设计比赛奖项。

阮洁琼，资深工业设计师，毕业于浙江理工大学工业设计专业，曾荣获"2014年杭州市工业设计精英人物"称号。现任职于杭州中艺实业股份有限公司，担任产品设计经理，获多项设计专利、多个国内外设计比赛奖项。

策划编辑：罗人智

责任编辑：闻晓虹

封面设计：程　晨

投稿邮箱：lorentz@zju.edu.cn

团购热线：0571-86535601

GREEN DESIGN I

绿色设计

[德] 多里安·卢卡斯（Dorian Lucas） 著

王文波 阮洁琼 译

图书在版编目（CIP）数据

绿色设计：全2册 /（德）多里安·卢卡斯（Dorian Lucas）著；王文波，阮洁琼译. — 杭州：浙江大学出版社，2021.3
书名原文：Green Design: volume1、Green Design: volume2
ISBN 978-7-308-20305-0

Ⅰ.①绿… Ⅱ.①多… ②王… ③阮… Ⅲ.①产品设计 Ⅳ.①TB472

中国版本图书馆CIP数据核字（2020）第106427号

Green Design, Vol. 1 & 2 by Dorian Lucas
© Braun Publishing AG, Switzerland
ISBN 978-3-03768-159-6 / 978-3-03768-151-0
The simplified Chinese translation rights arranged through Rightol Media（本书中文简体版权经由锐拓传媒取得Email:copyright@rightol.co）
浙江省版权局著作权合同登记图字：11-2020-128

绿色设计（全2册）

［德］多里安·卢卡斯（Dorian Lucas）著

王文波　阮洁琼　译

策划编辑	罗人智
责任编辑	闻晓虹
责任校对	董齐琪　杨利军
封面设计	程　晨
出版发行	浙江大学出版社
	（杭州市天目山路148号　邮政编码 310007）
	（网址：http://www.zjupress.com）
排　　版	杭州林智广告有限公司
印　　刷	浙江海虹彩色印务有限公司
开　　本	787mm×1092mm　1/16
印　　张	29.25
字　　数	285千
版 印 次	2021年3月第1版　2021年3月第1次印刷
书　　号	ISBN 978-7-308-20305-0
定　　价	168.00元（全2册）

前　言

　　绿色设计正流行。这个描述同时适用于这个短语中的两个词语：绿色和设计。从 20 世纪 70 年代开始绿色环保就成为一种思潮，其几乎包括了一切事物，除了设计。然而，设计，尤其是产品设计，其实是一个远比绿色环保更加古老的概念，它以工艺美术的形式存在的历史，可以追溯到几个世纪以前。

　　直到 20 世纪 90 年代，绿色与设计（与环保和高科技建筑的关联相似）才产生了联系，并在 21 世纪前十年成为一种主流。

　　在 20 世纪 80 年代，要么选择生态与替代品的组合，要么选择时尚与（后）现代的组合。只有在部分地区，注重绿色环保才被认为是时髦的：比如真毛皮夹克就成为错误设计的缩影。在 20 世纪 90 年代，绿色环保变得越来越流行，但直到进入 21 世纪，时尚和环保才成为所有新设计的基本先决条件。

　　今天，也许你只要花一个晚上的时间看看电视广告，就有可能整理出一本关于汽车的书，书中的汽车设计明显比以前的车型更加环保、更加时尚。然而，这样的一本书不仅很容易过时，而且也很枯燥。对于这些产品而言，其所用的技术几乎都是相似的，新的产品只是展示了对现有技术的改进。尽管这些汽车被贴上了新的、更新的、最新的这样的标签，但这个向最高级发展的过程始终是进一步发展或技术发展的产物，而这些发展和变化仅仅只会影响到产品的局部，正如更新与革新往往是截然相反的。

　　因此，基于"绿色环保"理念而产生的原始创意或创新，可能仍然只是一些特例。然而，创造这样的例外并非不可能，因此你可以在这册书里找到一些汽车、自行车和滑板车的设计特例。这些特例清楚地表明了绿色环保理念和创新潜力：天然材料和替代品的使用同样可以产生让人惊喜的全新设计创意。

　　对材料的改造是本册的核心主题之一。本册中介绍的许多产品都是由原始材料制作而成的，这些原材料之前或者无法使用，或者根本没有被考虑过。它们可以是天然材料和可再生材料，以及可回收材料。比如在利用回收材料的案例中，可以区分出两种方式：其一，赋予某一单一物质以新的用途，从而（暂时）将其从无休止的循环回收过程中解放出来；其二，回收整个产品，即回收产品上所有的材料，从而避免劳动（和能源）密集的回收过程。产生自上述两种方式的产品的魅力很大程度上归功于它们在其他产品中找到的可回收材料。有意或无意的，新的产品会将回收材料上原始物品的痕迹作为一种视觉刺激：一枚戒指，其魅力在于它的材料上随机而抽象的铝箔瓢虫图案，而一个衣柜的样式则取决于废旧电脑的电路板。就这些产品而言，其不同于 20 世纪 80 年代和 90 年代的设计，可回收材料不再占据最显著的位置。这些新设计本身就是绿色环保的，它们不需要大声表明自己在设计理念上是多么"政治正确"，而这也越来越成为当今绿色环保设计的典型特质。

本册中的创新依靠的是基本的生态意识，其不只是低于 50 瓦或 500 瓦吸力的真空吸尘器，或节省 0.25 升水的洗衣机。类似这样的改良只是简单的营销策略，而且本质上是纯粹技术性的升级而已，不过也有一些特殊的案例，这些特殊案例的创意非常新奇，因此它们也被收录在了本册中。

通常情况下，我们只需要一个小小的想法就可以从根本上改变一个产品，从而使其与大众产品明显区别开来：为什么一台关闭的个人电脑还要继续耗电？为什么我们经常在假期使用的手机不能使用太阳能板充电？为什么不给每辆车装一个太阳能板车顶，即使只是在不使用发动机的情况下控制灯、收音机或暖气，或者给笔记本电脑、手机或 MP3 播放器充电？

这种"跨界"的绿色功能，除了提供明显的清洁能源以外，还体现出一种新型环保主体的意识。这可以让设计师有更广阔的设计载体，而不再只局限于早期生态主义时期设计师常常使用的黄麻和手工编织的毛衣。

任何事物皆有可能——各种可回收、混合、新型的材料采用环保技术，并尽可能在当地生产制造。当然，这些材料的生产工艺和技术本身也具有绿色环保特征。虽然这些产品本身无法直接体现出公平贸易、社会责任以及体面的工作环境等社会属性，但消费者却会基于历史和当代意识提出这样新的要求。最后，认真审视每一种文化背后的历史，我们就可以了解到资源浪费可能带来的后果。

例如，对传说中的浪漫之境托斯卡纳的森林过度砍伐而造成的环境破坏，以及早期工业生产造成的荒蛮之地，至今仍然对当地环境产生着深远的影响。

在过去十年中，我们身边最重要的变化与销售者无关，而是与消费者有关。消费者越来越清楚他们的购买决策所能产生的影响力，至少从抵制皮草大衣这件事开始，消费者的意见开始对商品生产产生巨大的影响。

消费者会质疑材料的来源、它的加工方法、产品是否节能或特别耐用，以及是否易于回收再利用。对于购买一件产品而言，这些标准与要求已经和设计一样重要，而这便使得绿色环保产品在消费市场上更具独特的竞争优势。

多里安·卢卡斯

目 录

能 源

对能源的需求是本书的核心问题之一。不仅仅因为获得能源是文明基础的一部分，而且对一个"绿色文明"来说，对能源的需求和使用同时也是一个道德问题：我们到底需要多少能源?浪费又是从哪里开始的?本书介绍的100多种产品中，几乎每一种都或多或少地与能源需求有关：生产过程中的、运输过程中的、回收过程中的，或者最重要的产品本身运转所需的能源。

本章侧重于描述用不同方法和形式产生能源的产品：能源生产装置，如太阳能电池板；能源储存和能源测量装置，它们使能源使用成为一种可见的实体，用可见的测量数据来教育引导消费者。而每一个能源产生的领域——或者更好的说法应该是能源转换的领域——可以在其他几章中找到，在那几章中，读者会接触到各种不同的能量来源，诸如藻

类或植物，风和太阳。目前人类对太阳能、风能或水能的利用仍处于初期阶段，但正在迅速普及开来。这个领域的技术正在以惊人的速度发展，今天被认为是"前卫"的事物也许很快就会成为我们日常生活的一部分。

然而，这些发展大多数是属于技术性的进步，与产品设计关系并不大。这本书的目的不仅仅是展示最新和最有效的太阳能电池板，更是展示创新的设计与发明。例如有些设计师已经开发出可以利用替代能源进行日常工作的产品。可再生能源的储存装置正变得越来越小，因此更易于使用也更便于运输。又比如一款可充电电池，它以传统电池的形式为载体，却被赋予了一种与众不同的新功能，它可以通过接入计算机获得可替代能源，并可以存储这些能源用于加载其他的设备。

根据物理学的定义，能量可以独立于介质和形式而存在，它的使用方式是可变的。正如每个人在学校里曾经学到的，能量不会消失，只会转化。这就提出了一个问题：工程师和设计师能将未来的能源从各种不同的存在形式转换成可为我们所用的形式吗？又是否可能在未来直接循环利用已经使用过的或被浪费的能源？

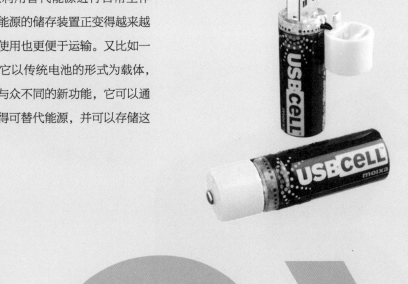

手持燃料电池电源

　　这款充电器是不需要连线的手持电源，它主要用于对包括手机、MP3播放器和其他利用USB供电的各种手持电子设备进行充电。这款充电器设备集成了一项未来技术。主单元由一个小型氢燃料电池组成，能量存储在可再充氢的金属氢化物盒中，氢以固体形式存储在金属合金中。这款小型设备的颠覆性技术提供了一种无毒、易于回收的电池替代品，开启了向使用"零碳"燃料的更广泛社会转型。同样的技术也在发展，为各种各样包括电动汽车在内的电动设备提供动力。

设计者：陈石

设计者：塔拉斯·万科维奇

设计者：塔拉斯·万科维奇（Taras Wankewycz），陈石（Stone Chen）

经销商：地平线燃料电池技术有限公司（Horizon Fuel Cell Technologies Pte. Ltd.）

开发年份：2010年

主体材质：镍合金，塑料

主要环保策略：使用氢能源，无毒

照片：由经销商提供

镀银版沃森

全新的镀银版沃森是DIY京都（DIY Koyoto）和时尚设计品牌麦斯莫斯（Mathmos）合作的成果。这个小产品可以测量家用电器的耗电量，让你能够记录下你用了多少电。它也会显示你花了多少钱，并鼓励你在不用时关掉家用电器。

这款设备为你提供了一种简单、新颖的方式来为环境做出自己的贡献，同时也能为你节省5%~25%的电费，这是目前市场上所有能源监控设备中平均节电量最大的一款产品。作为一款极致的能源监控设备，镀银版是沃森01的新版本，同时配备了全新的时钟功能和最新版的霍姆斯软件。

设计者：DIY京都，麦斯莫斯

设计者：DIY京都，麦斯莫斯

经销商：DIY京都

开发年份：2010年

主体材质：塑料

主要环保策略：能源监控，节约5%~25%的能源

照片：由经销商提供

动态混合肥料机

　　动态混合肥料机是一款由100％回收材料制成的风力旋转肥料机。其由本杰明·班戈塞（Benjamin Bangser）设计，是目前最快、最简单，同时也是最环保的为你的花园制造营养丰富的肥料的方法。通过风力带动动态混合肥料机的涡轮，这样设计可以产生足够的扭矩来转动一个装满可堆肥物的桶。你只需要简单地把你的可堆肥物放在动态混合肥料机的桶里，盖上盖子，然后就让大自然去做剩下的事情吧——而且这样会比传统的方法快10倍。动态混合肥料机由耐用的、100％再生塑料和钢铁制成，从而尽量减少对环境的影响。

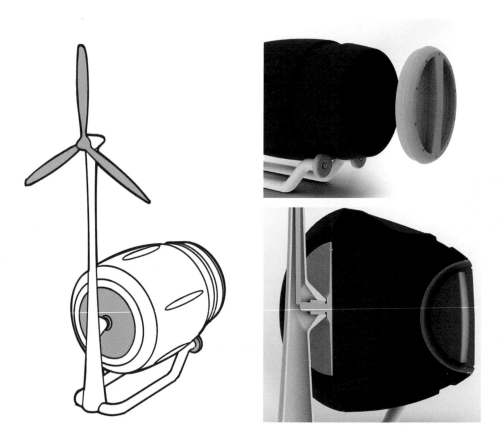

设计者：本杰明·班戈塞

设计者：本杰明·班戈塞

经销商：设计原型

开发年份：2010年

主体材质：再生塑料和钢铁

主要环保策略：使用风能和100％可回收材料

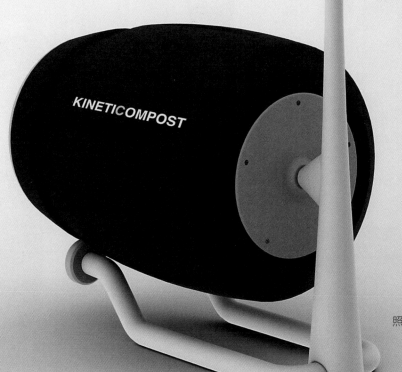

照片：由经销商提供

USB电池

USB电池是莫伊克斯能源有限公司（Moixa Energy Ltd.）的产品。该公司的使命是发明和实现可以更好地解决消费者移动或家庭用电需求的技术，并且这种技术更加实用、经济和环保。USB电池是一款革命性的镍氢可充电AA电池，集成了USB充电器，可以插入任何USB端口充电。当今世界，我们拥有超过20亿个可供使用的USB端口，USB电池是唯一一款真正的便携式可充电电池，在家中、工作中或旅途中都可以轻松使用。因为可以回收，这个创新的设计为消费者提供了一个"环保"的选择。每个USB电池都能被充电数百次，同时可以减少7千克二氧化碳和3千克有毒电池废物的排放。

设计者：克里斯·莱特（Chris Wright），西蒙·丹尼尔

（Simon Daniel）/莫伊克斯设计产品有限公司

（Moixa Design Products Ltd.）

经销商：莫伊克斯能源有限公司

开发年份：2006年

主体材质：不同的材料

主要环保策略：可充电，每个USB

电池可以减少7千克

二氧化碳和3千克有

毒电池废物的排放

设计者：克里斯·莱特，西蒙·丹尼尔

照片：由经销商提供

时 尚

各种生态因素在时尚设计领域发挥着重要作用。设计过程的一个中心思想是选择对环境友好的材料和使用生态无害的流程。在选择材料时，要确保所选材料要么是完全天然的，要么至少大部分是天然的，又或者是对生活中多余的"废旧"材料进行回收利用的。在所有情况下，我们都应该确保不要对材料做出超出必要的改变。当然以下措施也会提升商品的附加价值，比如公平贸易的商品，以及经过天然染料染色的布料。目前人们对天然材料的要求标准很高：材料的质地和耐久性等特性应该来自原材料本身，而不应该是在生产过程中人为添加而产生的。

时尚产业对优质材料的回收进行得或隐或显，因为所选材料的原始功能和形式在回收过程中往往会发生改变。有时这种转变是可逆的——就像货币可以作为珠宝进行回收使用，但也许后来它又会恢复它的原始功能——如果新生产的产品不比原材料更难回收，那么我们便会允许它的功能在一段时间内有所转变。

在时尚产业中，不同寻常的原材料往往可以产生各式各样与众不同的创意。比如用纺织品、塑料、彩铅的铅笔头或银行票据制作成珠宝，用毛毡、木头或工业废料做成包包，更不用说用塑料或食品包装制成衣服了。通常，这些产品都是独一

FASI

无二的，它们的外观保留着与原始产品的某种独特的联系。就这样，设计师们在不对他人进行指责的情况下，设法通过他们的作品和收藏品，对当今的"一次性"社会提出批评，并让消费者对资源使用方式产生新的认知，以及了解它们应该如何被利用。时尚产业和消费者都在反思，在寻找生态上更合理的解决办法，不仅仅是时尚产品本身，还有它们的包装（重复使用和再包装），甚至在很多奢侈品的营销上，无包装也越来越常见。

一些设计师试图找到新的、前人从未试过的方法来将不同的生活领域和时尚结合起来，这种结合甚至第一眼给人的感觉仿佛并不太协调。然而通过这些探索，一些真正原创的领域，如服装和技术或灯光，正被成功地结合在一起。由可溶于水的材料制成的时尚单品，正

应和了这种简单且环保的处理理念。在当今世界，服装可能还有更多其他的用途，而不仅仅只是为了紧跟最新的时尚。如将时尚与风能相结合，利用风能充电并为LED供能，创造出具有自身能量来源的衣服，从而实现生态环保的目标。

编织食品包装纸

特拉循环公司（TerraCycle）从各种各样的不可回收废弃材料中生产出价格低廉、环境友好的产品，是世界上发展最快的环保制造商之一。他们希望通过赋予别人认为是垃圾的材料以创新、独特的用途来消除垃圾的概念，鼓励人们关注废料，不要简单地把它看成"垃圾"而丢弃它，而是思考如何处理利用它。这些编织袋和配饰都是由循环再利用的食品包装纸制作而成的，由特拉

循环公司与墨西哥米茨公司（Mitz）合作完成，后者主要负责制造这些极棒的配饰。米茨是一个位于墨西哥的可持续社会基金会。这些袋子不仅通过废物再利用来改善环境，而且它们的销售收入也将为贫困儿童及其家庭提供优质的教育和经济补助。

设计者：米茨公司

设计者：米茨公司

经销商：特拉循环公司

开发年份：2010年

主体材质：循环再利用的"裸熊"牌格兰诺拉麦片包装纸

主要环保策略：重新利用不可回收的废料

照片：由经销商提供

循环再利用的M&M's巧克力豆包装礼服

这件独一无二的M&M's巧克力豆包装礼服是由时装设计师克里斯蒂娜·利特克（Christina Liedtke）专门为特拉循环公司在曼哈顿的快闪店设计制作的。特拉循环公司希望通过寻找废弃材料创新而独特的用途，应对当前的"丢弃"文化，并研究如何将表面上平凡无奇的东西重新加工，以生产出一种独一无二的新产品来消除浪费。这件礼服的灵感来自该公司在设计"春天"主题系列时的想法，同时也是为了配合每年4月22日世界地球日的环保主题。设计师的愿景是融合自然、重生和新开端的理念。M&M's的包装纸被作为循环再利用的材料来展现废料如何在时装设计中发挥它们的价值。

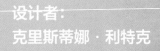

设计者：

克里斯蒂娜·利特克

设计者：克里斯蒂娜·利特克

经销商：特拉循环公司

开发年份：2010年

主体材料：M&M's巧克力豆包装纸

主要环保策略：废弃材料再利用

照片：由经销商提供

一场环保婚礼

这些礼裙是谢菲尔德·哈勒姆大学时尚与工程专业的学生之间不同寻常的"联姻"成果。该项目由谢菲尔德·哈勒姆大学卓越教学中心资助，由导师简·布洛姆（Jane Blohm）、莱斯利·坎贝尔（Lesley Campbell）和阿卜杜勒·霍克博士（Dr Abdul Hoque）负责协调组织。这些裙子均由聚乙烯醇制作而成。聚乙烯醇是一种环保聚合物，当它与水接触时就会溶解。学生们创作了一件可以在婚礼后溶解的婚纱，当它的部分材质融化后，婚纱会演变成五件不同的时尚单品。学生们想挑战婚纱只能穿一次的观念，旨在探索现代社会对"一次性"时尚的态度。

设计者：英国谢菲尔德·哈勒姆大学
时尚与工程专业学生

"Ever mine, ever thi

设计者：英国谢菲尔德·哈勒姆大学时尚与工程专业学生

经销商：设计原型

开发年份：2010年

主体材料：聚乙烯醇

主要环保策略：材料可溶于水，杜绝浪费

照片：由设计者提供

蒲公英

此处蒲公英指的是一种可穿戴设备，它不仅外观别致，还能从风和人体运动中获取能量，并将其转化为可用的能源。该结构由微型风车组成，这些风车环绕着佩戴者。这一设计创造了自然、技术和人之间的联系，相当时尚。在刮风的日子，当你在外面散步或仅仅站着时，风车就会转动。小型独立的发电电路将旋转动能转换成可用电能。在这个原型机中，其所产生的能量能让白色LED灯发光。这些能量也可以直接为移动设备供能或储存起来用于其他用途。通过为个人佩戴者发电，该设备减少了为手机或电灯等设备供电所需的电量。为了提升这个装置的生态属性，蒲公英这款设计99％的部分都是由回收材料制成的。

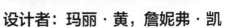

设计者：玛丽·黄，詹妮弗·凯

设计者：玛丽·黄（Mary Huang），詹妮弗·凯（Jennifer Kay）

经销商：设计原型

开发年份：2009年

主体材料：回收的木材、纸、电子配件

主要环保策略：使用可再生能源

照片：由设计者提供

贫民窟项链

对于这位设计师来说，用回收材料制作首饰最美妙的地方在于用废弃材料设计出一个美丽事物时所面临的挑战和限制。这款贫民窟项链还具有手工制作的品质，在这个以消费者为导向，充斥着大量工业制品的世界里，它具有独特的吸引力。当我们以一种不寻常的方式来使用日常生活中常见的废弃材料时，就需要我们转变思维，思考我们对宝贵资源的消耗以及对环境的破坏性影响。设计师赫勒·乔根森（Helle Jorgensen）因此选择了废弃的塑料袋和钩针编织技术。钩针编织有一种三维雕塑般的质感，这可以被用来创造有趣的造型。这种巧妙的构思通常与当地的生活情境息息相关，因此在材料和技术的选择上都需要我们进行思维的转变。

设计者：赫勒·乔根森

照片：由经销商提供

设计者：赫勒·乔根森

经销商：惊奇实验室（The Gooseflesh Lab）

开发年份：2010年

主体材料：废弃塑料袋

主要环保策略：利用废弃材料

莫纳卡手提包

 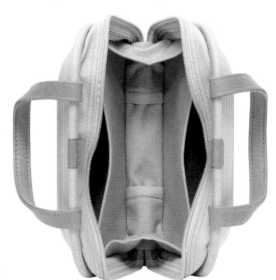

　　莫纳卡是总部位于日本高知县马路村的Ecoasu Umajimura有限公司的箱包品牌名称，该公司使用疏伐下来的日本柳杉木来创造一系列不同的产品。柳杉是日本最普遍的树种，被广泛用作建筑材料。为了获得优质木材，对森林的养护是非常必要的。如果森林过于茂密，树木的生长就会因为缺少阳光而受到阻碍，森林资源也会受损。为了避免这种情况的发生，必须使森林保持在适宜的密度。之前多余的树木被砍伐后会被留在森林中自行腐烂，但是马路村的人们从生态学的角度重新审视了这个问题，成立了Ecoasu Umajimura有限公司来进行柳杉木资源再利用可行性的探索。莫纳卡使用那些在森林维护过程中被砍伐的多余的木材来创造出生态友好的产品。

设计者：莫纳卡

经销商：Ecoasu Umajimura有限公司

开发年份：2005年

主体材料：多余的柳杉木

主要环保策略：利用多余的木材

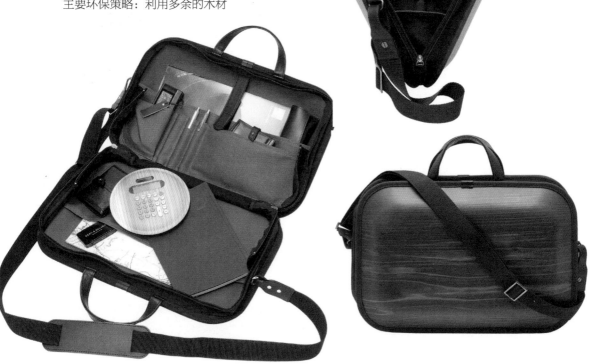

照片：由经销商提供

斯坦
系列指环

　　在斯坦系列中，巧克力的彩色铝制包装纸获得了重生——它们被压制在一起做成了一个个不同寻常的指环。包装纸在压制中会形成各不相同的图案，因而每个指环都是独一无二的。为了达到经久耐用的设计目标，指环内部采用银进行加固，外部则采用了不含溶剂的耐用合成材料。将收集到的金属箔转变成珠宝，让收藏家们对材料资源的选择以及如何再利用有了一种全新的认识。新颖的设计美学凸显和强化了材料的价值。设计师通过这个案例来鼓励人们收集利用废旧材料，最终达到提高人们对可再利用和可循环材料认知的目的。

设计者：爱丽丝·梅克尔（Iris Merkle）

经销商：芬格格勒克公司（Fingerglück）

开发年份：2009年

主体材料：铝，925银，塑料

主要环保策略：废旧材料再利用

设计者：爱丽丝·梅克尔

照片：由经销商提供

埃莫比泳装

　　由澳大利亚设计师杰西·索尔特（Jess Salter）创立的泳装设计公司埃莫比（Emobi），使用一系列环保的水基染料、数码打印技术等，与澳大利亚悉尼当地的供应链合作生产所有的泳装。埃莫比采用一种新颖、前卫的方式，将独特的设计与穿戴舒适的款式融合在一起来制造泳装。该公司使用一系列安全、清洁的染料来制造泳衣，以最大限度地减少对海滩和河流的影响。而对高效数码印刷工艺的采用，则可将用水量减至最低，并避免使用现时主流纺织印刷方法中所需的额外的化学品及溶剂。立足本地的供应链是埃莫比品牌的基础，因为这能使其更有效地管理生产资源。

设计者：杰西·索尔特

经销商：埃莫比公司

开发年份：2007年

主体材料：水性染料

主要环保策略：采用水性染料和高效的
　　　　　　　印刷工艺，不添加额外
　　　　　　　的化学品与溶剂

照片：由经销商提供

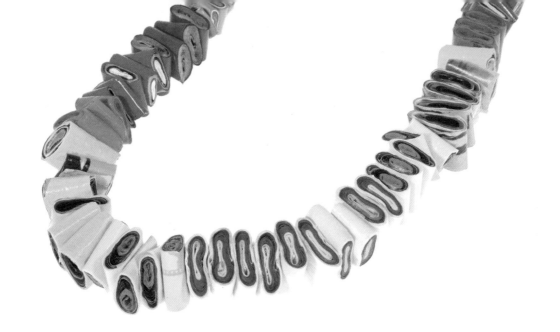

无名项链

　　设计师玛格丽塔·马尔基奥尼（Margherita Marchioni）的所有产品都采用回收材料比如旧瓶盖创作而成。通过切割、撕裂和拆解，所有的物品都从另一个维度重新展现出来，它们已经完全从其原始形态中抽离了出来，但仔细观察仍可以辨认出它们的天然特质。例如，有一款项链是用购物袋分割成的塑料条卷制而成的。用铅笔段制作而成的项链正是一种转变的宣言。这意味着放眼未来，通过切割、撕裂和拆解，所有的物品都能以另一个维度呈现出一种全新的形式，一种完全脱离了原始形态，但却仍然可辨别出它们天然特质的形式。

设计者：玛格丽塔·马尔基奥尼

设计者：玛格丽塔·马尔基奥尼

经销商：玛格丽塔·马尔基奥尼，罗马另类画廊（Alternatives Gallery Rome）

开发年份：2010年

主体材料：铅笔块，塑料购物袋

主要环保策略：回收利用材料

照片：由亚历山德罗·丹迪尼·达·希尔瓦

（Alessandro Dandini Da Sylva）提供

汽油罐行李箱

　　无论目的地是哪里，汽油罐行李箱都能确保你最喜欢的衣服在到达目的地时保持平整、有型。每个箱子都是由回收的"杰瑞罐"制成的。设计师们用创新的设计把那些看起来脏兮兮、功能单一的东西变成了一个时尚的手提箱。箱体非常坚固，包括一个合适的蝶形锁以确保安全以及一个实用的侧面开口，这些使得它成为你无论是商务还是娱乐旅程中的完美伴侣。杰瑞罐近来越来越受欢迎，甚至成为大家狂热追捧的对象。这启发了伊沃瑞拉公司（Ivorilla）从一个新的角度来看待这种复古趋势，并采用这个新的观点来设计创作了这款独特的伊沃瑞拉汽油罐行李箱。

设计者：伊沃·普奇

设计者：伊沃·普奇（Ivor Puch）

经销商：伊沃瑞拉公司

开发年份：2009年

主体材料：金属板

主要环保策略：废弃材料再利用

产品照片：由经销商提供

肖像照片：由马丁·奥内佐格（Martin Ohnesorge）提供

纸币首饰

　　这个首饰系列完全是由纸币制作的，并且所有纸币都是制作首饰时流通的货币。它们只是被折叠而没有被损坏——没有被切割或黏合。如果用户愿意，每张纸币都可以展开并使用。这些首饰很牢固——不会很容易地被撕裂或在使用时断裂。在一些像澳大利亚这样用塑料代替纸来制作纸币的国家，用它们做成的首饰甚至是防水的。相比黄金首饰，这些首饰更直接地重新定义了首饰与财富之间的联系。它具有暂时性，我们可以展开它来得到现金，这比必须出售或者融化才可以得到现金的传统首饰更为方便。

设计者：泰恩·德·鲁伊斯

设计者：泰恩·德·鲁伊斯（Tine De Ruysser）

经销商：泰恩·德·鲁伊斯

开发年份：2007年至今

主体材料：纸币

主要环保策略：无胶水，易回收

照片：由经销商提供

UM包

　　UM包由两个创造性的挑战发展而来：首先，利用压制羊毛毡的独特性能——它的密度、质感、柔韧性和强度；其次，只使用最简单的操作来形成一个平坦的表面。UM包有一种典型的颜色：灰色。那是因为它们是用两层工业羊毛毡缝制而成的，这种羊毛毡由工厂多余的羊毛制成，未经化学染色。设计师不是简单地使用一种新材料，而是创造性地利用工业流程中遗留下来的废弃物。此外，作为一种天然材料，羊毛毡本就拥有可持续性特征。UM包有五种款式——肩背型、托特型、手提型、手抓型和手拿型，以及五种颜色的拉链——蓝色、灰色、绿色、橙色和粉色。当拉链拉开时，UM包可以完全平放，以便干洗、储存或运输。

设计者：乔什·雅库斯

设计者：乔什·雅库斯（Josh Jakus）

经销商：FUZ公司

开发年份：2008年

主体材料：工厂多余的灰色羊毛毡

主要环保策略：由工厂废弃物制成

照片：由经销商提供

索缇·菲利普2010

　　索缇·菲利普公司（Salty Philip）使用可持续和环保的材料与工艺以减少传统织物生产对环境的负面影响。该公司的2010年春夏系列采用了可持续材料，这种材料大部分来自德国面料设计公司韦斯特法伦斯托夫（Westfalenstoffe）。该公司的面料由有机原料制成，不含漂白剂或甲醛。2010年秋冬系列中，设计师们继续寻找更加创新的方法来推动可持续发展。这个系列主打各种再生面料和PET材料，以及具有可持续性的粗花呢和有机棉。索缇·菲利普T恤来源于一家名为艾波娜（Epona）的公平贸易T恤公司，而其所有的手工印花都是在索缇·菲利普工作室内使用水基染料制作完成的。

设计者：林恩·麦克弗森（Lynn MacPherson）

经销商：索缇·菲利普公司

开发年份：2010年

主体材料：有机棉，再生面料

主要环保策略：有机原料，无漂白剂或甲醛

设计者：林恩·麦克弗森

照片：由安德鲁·科恩（Andrew Kohn）和
安德睿思·肖尔茨（Aindreas Scholz）提供

WiTHiNTENT服饰

　　WiTHiNTENT公司将成千上万个破了的和被损坏的帐篷——欢庆节日的人们留下的——加以改造，制作成防水服装和配饰。目前设计的服饰系列包括夹克、披肩、包和连体衣。所有的产品都是在英国制造的，设计过程的核心是对环境的关注。生产过程中不使用任何包装材料，并且使用的所有清洁产品都是环保的。其生产地与该公司在伦敦的总部很近，这样可以控制运输成本以及对环境的影响。设计师与当地的社区项目合作来创造产品，并且总是创新方式以纳入所有回收材料。该公司的理念是教育人们重新利用那些被我们认为不再有用的东西。

设计者：凯特·本顿（Kate Benton）

经销商：WiTHiNTENT

开发年份：2009年

主体材料：循环再利用的帐篷材料

主要环保策略：废弃材料再利用

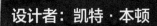

设计者：凯特·本顿

照片：由西蒙·威斯博（Simon Wisbey）提供

帕克特内衣

帕克特公司（Pact）利用可持续生长的优质有机棉制成了超柔软、超合身的内衣。帕克特公司力求尽可能地对环境和社会负责。种植和收获有机棉花的农民和棉花采摘者因他们的付出获得了合理的回报。所有的织物都使用对环境影响小且不含重金属的染料和油墨进行染色和印花。在运往位于伊利诺伊州的帕克特公司运营中心之前，生产帕克特内衣的每一项要素——种植棉花、加工和纺纱、编织、染色和印花、裁剪和最后缝制成衣——都在土耳其方圆100英里（约161千米）的范围内完成。

设计者：伊夫·贝哈尔，融合计划

设计者：伊夫·贝哈尔（Yves Behar），
　　　　融合计划（fuseproject）

经销商：帕克特公司

开发年份：2010年

主体材料：有机棉

主要环保策略：环保染料，本地材料，
　　　　　　　价格公道的棉花

照片：由经销商提供

CoolCorC

CoolCorC公司生产一系列产品，其中包括软木咖啡隔热套及男女式钱夹、钱包、手提包。软木是一种可持续材料，它来自栓皮栎的树皮。虽然它是从树上剥下来的，但这个生产过程不会让这棵树死亡，大约七年后树皮又会重新长出米，届时它就可以再次进行收割了。CoolCorC公司的男式软木钱包由建筑师赖特公司（Architects Wright）的夫妻档设计，重量轻、结实耐用，并且由一种可再生的多功能材料制成。女式软木小钱包体现了软木的内在美，因为它由软木织物制成，是一款时尚、耐用的饰品。

设计者：CoolCorC公司

经销商：CoolCorC公司

开发年份：2010年

主体材料：软木面料，棉布衬里

主要环保策略：可持续材料

照片：由经销商提供

约翰·帕特里克的
有机服装

　　成立于2007年的生态服装公司——有机服装公司（Organic），为男性和女性提供各式各样的系列服装，目前已成为可持续时尚的领跑者之一。自公司成立以来，设计师约翰·帕特里克（John Patrick）帮助公司增加了对植物染料、再生面料和有机羊毛纱线等环保材料的使用，同时重振了手工编织和全动物皮革生产等传统生产工艺。约翰·帕特里克是首批与秘鲁有机农场集体企业建立直接关系的设计师之一。在他职业生涯的早期，他曾到秘鲁旅行，去学习更多关于棉花生产和手工纺羊驼毛的知识。公司最新系列的产品使用包括有机羊毛、棉花、植物鞣皮和天鹅绒等面料，旨在引领一种时尚，使穿戴者呈现一个优雅而休闲的形象。

设计者：约翰·帕特里克

设计者：约翰·帕特里克

经销商：有机服装公司

开发年份：2010年

主体材料：可持续、有机、
　　　　　循环利用的材料

主要环保策略：植物染料、
　　　　　　　再生面料、
　　　　　　　手工编织

照片：由经销商提供

家 居

　　本章展示家庭中使用的绿色设计，并有力地呈现了在过去几十年里——从20世纪70年代和80年代的橙色板条箱家具、软木和青草墙纸开始——环保产品和生产取得了多大的进步。像橙色板条箱一样——剩余物成为新产品的核心概念，旧产品便有了全新的用途。

　　例如，橙色板条箱往往单纯地作为一种起始产品，按照设计师的意愿来改造：当最终产品生产出来时，回收过程可以是可见的，也可以是隐藏的，这样新产品就不会和旧产品有任何相似之处。回收是悄然发生的，是广泛设计过程的一部分，是一个自然的过程。本章表明，对于设计师而言，绿色环保原则是产品设计的一个清晰明确的部分。可回收、使用原始材料、公平贸易——可持续产品和工艺正在将这些不寻常的特性转变为高品质设计的基本原则。当然，在这一章中展示的例子也会清楚地表明，并非所有这些标准都必须满足才能成为绿色产品。

其实，整体平衡的观念重要得多：一种可能不那么环保的材料，凭借其持久性或耐用性，同样可以获得绿色环保的价值，这比需要不断更换或更新的同类型的纸质产品要好很多。即使是一个塑料瓶，也可以在你需要时成为你的得力助手。有时，将废弃产品从无休止的回收循环中剥离出来并简单地赋予其一种全新的用途也是很有价值的。

对于再生产品，往往是原产品的美学价值决定了新产品的魅力属性。确定重复使用某种材料的愿望是来自使用该材料的愿望本身，还是这个产品碰巧为某种新东西提供了最佳材料，往往不是一件容易的事情。这也适用于将自然生活带入家中的产品。植物的功能离不开它们的美感和外观。植物不再简单地生长在花盆里，而是成为整个产品的一部分，甚至蚂蚁也成了其观赏特性的一部分。

联合瓶子

联合瓶子的创意概念就是用空瓶子来建造房屋。在瓶子实现其作为饮料容器的主要用途之后，它们的特殊形状决定了它们还可以被组装成建筑物或日常使用的其他物体。通过填充绝缘材料或水，可以为这些临时结构提供更好的绝缘性和稳定性。这个概念有两个目的：一者，它可以用于为灾区提供的

临时紧急住房，能在很短的时间内建成一个价格合理的隔热建筑；二者，它的设计理念还解决了塑料废物对环境的污染问题，特别是在爆发危机的地区和发展中国家。在普遍缺少全新的建筑材料却有大量废弃物的情况下，何不使用这些现成的材料并赋予其富有想象力的新功能呢？

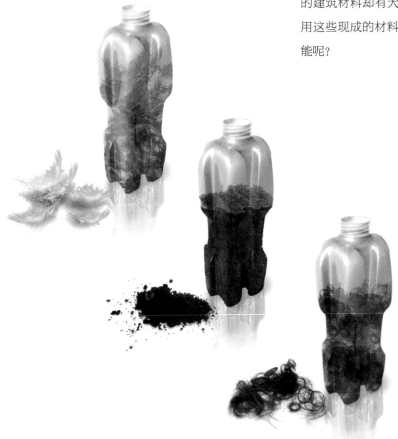

**设计者：迪克·荷伯，托拜厄
斯·克劳斯，乔戈·斯图曼**

设计者：迪克·荷伯（Dirk Hebel），

托拜厄斯·克劳斯（Tobias Klauser），

乔戈·斯图曼（Jörg Stollmann）

经销商：联合瓶子小组（United-Bottle Group）[迪克·荷伯，托
拜厄斯·克劳斯，汉斯彼特·罗格（Hanspeter Logo），
乔戈·斯图曼]

开发年份：2007年—2010年

主体材料：塑料，PET或PP

主要环保策略：塑料瓶作为建筑材料再利用

照片：由康斯坦丁·迈耶（Constantin Meyer）和科隆（Cologne）提供

Ofurò浴缸

由马蒂奥·图恩（Matteo Thun）设计的Ofurò浴缸具有浓浓的日式设计风格。马蒂奥·图恩认为，产品讲述着可持续发展的故事，这出于环境本身的需要，而完全的可持续性是从室内开始的，也就意味着文化和社会结构也应该是室内设计服务考量的对象。因此，室内设计呈现出来的是简单、基本和明快的，并表现出形式和功能上的一目了然。这款浴缸，包括浴缸塞子，完全由可持续采伐木材制成，旨在提供一个安静沉思的地方。使用这样的材料给用户提供了一种桑拿的体验感。该产品使用的木材经过几个阶段的干燥，然后切割、成形并通过特殊的步骤组合起来。精简到极致的设计美感，和谐地从木纹中显现出来。Ofurò浴缸在触觉上、视觉上以及体验上都是独一无二的。

设计者：马蒂奥·图恩

设计者：马蒂奥·图恩

经销商：拉塞尔股份公司（Rapsel Spa）

开发年份：2009年

主体材料：落叶松木

主要环保策略：可持续材料

照片：由蒂齐亚诺·萨托里（Tiziano Sartori）提供

1号椅：
洛可可风格改造座椅

1号椅属于模拟媒体实验室（Analog Media Lab）一系列项目中的一款产品，该实验室旨在构建和测试昆虫与人类社群之间新的交流界面。这款椅子完全由改装材料组成：旧椅子的框架、废塑料片、织物、胶合板和回收管道物料。这一系列项目的重点是未被驯化的居家昆虫，这些昆虫通常被认为具有入侵性、非生产性或其他问题，例如蚂蚁、白蚁、蛾类等等。椅子内部通过柔性管连接到周边壁上的端口，这使得昆虫可以居住在椅子内。在室内环境下，我们可以看到昆虫活跃的筑巢和繁殖行为。通过将室外的自然环境带入室内，该设计提高了人们对自然的认识，并且设计师也希望我们能够保护昆虫而不是消灭它们。

设计者：
大卫·海斯，
凯文·斯图尔特，
吴双双

设计者：模拟媒体实验室[大卫·海斯（David Hays），
　　　　凯文·斯图尔特（Kevin Stewart），吴双双
　　　　（Shuangshuang Wu）]

经销商：模拟媒体实验室

开发年份：2010年

主体材料：再利用的椅架，废塑料，废旧管道物料

主要环保策略：使用再利用材料

照片：由经销商提供

四棵树木屋

　　森林决定了这个树屋的形式特征。因此，这使得项目所处的自然环境和建筑本身之间建立了一种亲密的关系。该项目与自然环境之间的紧密联系要求对生态具有高度的敏感性，以保护树木的健康和生长，并把对周围环境的影响减到最小。设计师将传统的马斯科卡轻型木结构与创新工程相结合来处理环境参数的变化。在具体的解决方案中，每棵树上只有一根高强度的钢缆，以确保它们对树干继续生长造成的影响最小化。垂直分布的三个独立楼层，实现了强化居住者与森林及树冠之间关联的意愿。这个垂直的堆叠形式可以实现三种不同且独特的空间体验，并且所有的这些体验都和这四棵树有直接的关联。

设计者：卢卡斯·科斯工作室
　　　　　（Studio Lukasz Kos）

经销商：单品

开发年份：2003年

主体材料：当地材料

主要环保策略：对环境的影响极小

设计者：
卢卡斯·科斯工作室

照片：由设计者提供

压电式淋浴器

　　压电式淋浴器将从现有管道进来的冷水作为唯一的能源。它的内表面覆盖一种新开发的材料——压电纳米纤维，该材料能够从流水的运动和摩擦中产生电能。为了增加与水接触的表面积，淋浴器采用了大量的脉状分支结构，这一设计在宏观和微观上都参考了人类循环系统。由此产生的电能将转化为热能，从而提高水的温度。此款产品由防水显示器控制，它还能显示耗水量，从而减少水资源的浪费。

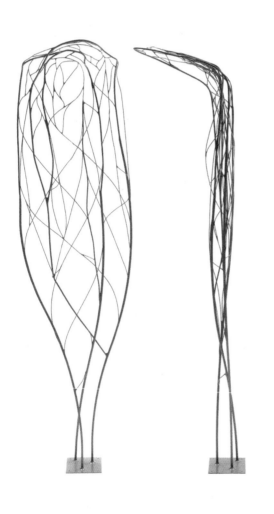

设计者：菲南达·皮萨（Fernanda Piza），

娜塔莉·温曼（Natalie Weinmann），

塞巴斯蒂安·詹森（Sebastian Jansson），

维克多·斯特尔马苏克（Victor Stelmasuk）/

压电计划（Piezo project）

经销商：模型

开发年份：2010年

主体材料：压电纳米纤维，钢材

主要环保策略：从流水的运动中产生电能

设计者：压电计划

照片：由经销商提供

室内　0~40℃　2~3次/周

绿色制氧室内空气净化茶几

　　绿色制氧室内空气净化茶几是一款由工明玲（Devon Mingling Wang）设计的摆在客厅的茶几。这款茶几将植物安置在其结构内部，植物在夜间从空气中吸收二氧化碳，释放氧气，白天则净化空气和周围环境。该空气净化茶几是为了取代需要耗用能源的空气净化设备而研制的，这些空气净化设备不仅耗用能源，而且使用化学制剂和塑料等不可生物降解材料制造而成。如果把这款茶几放在房子的主要房间里，也就是你大部分时间所待的地方，那么你就可以享受到清新干净的空气。这款茶几使用的植物是空气凤梨，它可以释放比较大量的氧气，尤其是在夜间。空气凤梨的另一个好处是不需要土壤就能生长，因为它通过叶子就能吸收水分和营养物质，这使得它成为这款设计不二的选择。

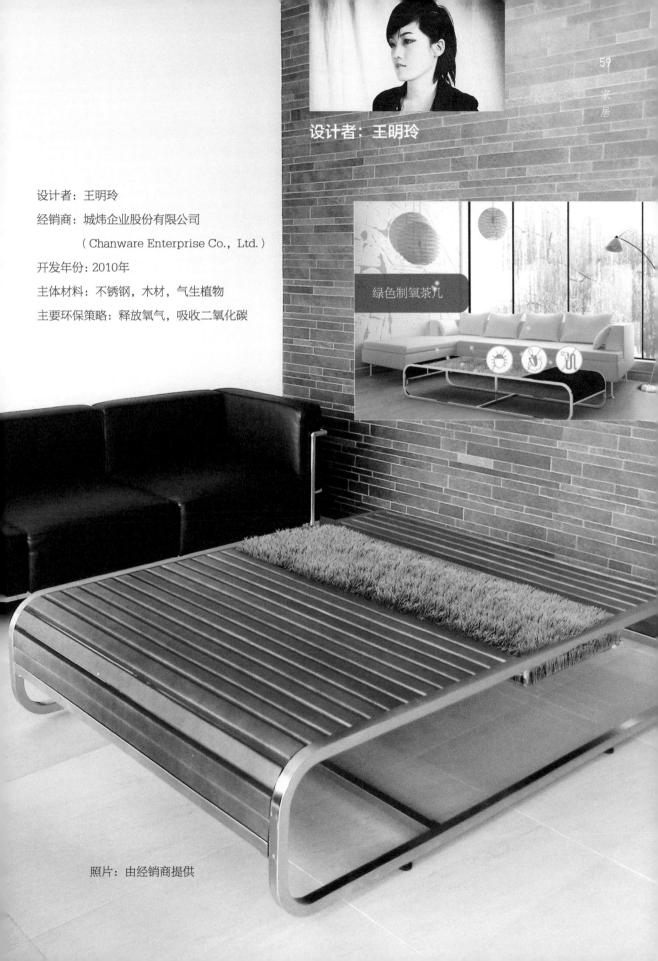

设计者：王明玲

设计者：王明玲

经销商：城炜企业股份有限公司

（Chanware Enterprise Co.，Ltd.）

开发年份：2010年

主体材料：不锈钢，木材，气生植物

主要环保策略：释放氧气，吸收二氧化碳

绿色制氧茶几

照片：由经销商提供

生态躺椅

　　这款生态躺椅由康沃尔绿梣木制成，是一款优雅而舒适的躺椅。它的木材在干燥之前就通过蒸汽弯曲，这不仅可以免去窑炉干燥环节，从而减少能源的消耗，还使木材更具适应性，变得更加坚固耐用。这款躺椅的绿梣木来自当地的可持续且被有效管理的康沃尔林地。这款环保躺椅采用桐油加工制造而成，整个过程没有使用任何胶水，是100%可回收利用的。作为设计者和制造者，西蒙·怀特（Simon White）对材料及其性能有广泛深入的了解。他的设计风格简洁明了，能将设计概念落实到每一个细枝末节。他的设计风格决定了他总能创作出简单、优雅的作品。

设计者：西蒙·怀特

设计者：西蒙·怀特

经销商：西蒙·怀特设计公司（Simon White Design）

开发年份：2008年

主体材料：康沃尔绿梣木

主要环保策略：蒸汽弯曲木材，本地自产材料

照片：由经销商提供

设计者：马蒂奥·图恩

"大地"系列炊具

这款环保炊具的设计将当代的体悟与悠久的传统结合在了一起。该系列通过使用来自大自然的环保材料，展现了对人体工程学、生态学和环境的关注。建筑师马蒂奥·图恩和设计师安东尼奥·罗德里格斯（Antonio Rodriguez）使用老式土锅作为意大利TVS

公司这一炊具系列的灵感来源。以现代风格重新诠释的对过去的回归，是这款产品背后的灵感，它力求在每一个方面都是真实的，包括它与环境的关系。"大地"（Terra）系列炊具使用的材料在尊重环境、健康生活方面体现了对当代意识的认真考量。其不仅将精心设计的造型和研究融入技术功能中，而且最重要的是，结合了生态兼容的灵感。产品的颜色是那些在大自然中存在的，带有家的色调：亲密、温暖和优雅，就像产品的外形一样。

设计者：马蒂奥·图恩，安东尼奥·罗德里格斯

经销商：TVS 股份公司（TVS Spa）

开发年份：2009年

主体材料：压铸铝

主要环保策略：环保材料

照片：由MTP提供

肖尔迪奇置物架和哈克尼置物架

哈克尼中央和哈克尼威克是经典的哈克尼置物架的商业系列，一个受街头艺术灵感启发的移动货架单元。这个现代存储解决方案的案例是由白色定向刨花板构建的，为最终消费者提供了一系列用于定制艺术的空白画布。肖尔迪奇置物架是一个大型和小型落地组合单元。以上产品使用的定向刨花板甲醛含量非常低，而其制造过程几乎使用了所有收获的木材，从而减少了废料。设计师认为，当一个产品最终达到其使用寿命的终点时，可以通过一次又一次的升级改造，成为真正的绿色产品。这一理念要求设计师如实做到产品的零部件和材料易于获取和识别，这样它们就可以被拆卸并重新引入工业循环，成为未来更多产品的"食物"。

设计者：瑞恩·弗兰克（Ryan Frank）

经销商：Pli设计有限公司（Pli Design Ltd.）

开发年份：2008年

主体材料：定向刨花板

主要环保策略：减少浪费，可以升级改造

设计者：瑞恩·弗兰克

照片：由安德烈·彭特亚多（Andre Penteado）提供

伊莎贝拉凳

　　伊莎贝拉凳是一款用稻草和羊毛制成的图腾柱式堆叠凳子。设计师瑞恩·弗兰克从非洲传统的手工雕刻座椅中汲取灵感，使用易于获得且可持续的材料来制作他的所有产品。伊莎贝拉凳的实心部分由草纸板或云杉板制成，然后用100％羊毛毡包裹，从而避免使用进口硬木。本款产品使用了由不含甲醛的稻草或小麦秆压制成的草纸板，而这些稻草或小麦秆都是收获时产生的废弃物。用于覆盖和完成凳子的毛毡是由天然羊毛制成的无纺布，这是一种强大的多功能材料，能有效地用作伊莎贝拉系列的衬垫。

设计者：瑞恩·弗兰克

设计者：瑞恩·弗兰克

经销商：Pli设计有限公司

开发年份：2008年

主体材料：草纸板，毛毡

主要环保策略：使用可持续材料

照片：由安德烈·彭特亚多提供

舱底休闲椅

　　舱底休闲椅采用回收的波旁威士忌酒桶板条和纽约市消防车的板弹簧制成。其中，弹簧为椅子提供了舒适的性能。Küpe系列采用来自有着世界波旁威士忌之都之称的肯塔基州巴兹敦的二手波旁酒桶制作而成。酒桶由白橡木制成，内部烧焦，从而使酒具有独特的风味和颜色。这些木桶只使用一次，用来陈化波旁威士忌，之后有些木桶被卖到苏格兰去酿造苏格兰威士忌。不幸的是，那些没有出售的酒桶经常会被丢弃。Uhuru设计公司首先将桶拆解成独立的部件——板条、金属带和圆板，旨在探索这些部件如何拼接以创造出简单、实用的设计，同时保留这些酒桶本身的陈年木材的个性和色彩。

设计者：比尔·希尔根多夫，
　　　　杰森·霍沃斯

设计者：比尔·希尔根多夫（Bill Hilgendorf），

　　　　杰森·霍沃斯（Jason Horvath）

经销商：Uhuru设计公司

开发年份：2008年

主体材料：回收的波旁酒桶，消防车的板弹簧

主要环保策略：改造利用木材

照片：由经销商提供

橡胶地毯

　　用自行车内胎进行编织，迎合了使用回收材料和延长产品使用寿命的环保理念，鼓励人们通过新的视角来看待旧的和破损的东西。当一件产品无法继续发挥其原始功用时，它就成了废弃品；而在这里，这些废弃材料在新产品的制造中被善加利用。非统一材料的美学强调了可持续材料的独特性。抱持上述美学观的设计师试图创造一些独特的东西，而不是接受大批量生产的家具。本设计不仅以设计师的审美为前提，还融入了以前使用过内胎的骑行者，因为他们粘上的补丁也是地毯的一部分。自行车内胎能以不同方式编织在一起从而呈现不同的外观，并且由于橡胶是耐磨材料，因此它比传统织物更耐用也更便于清洁。

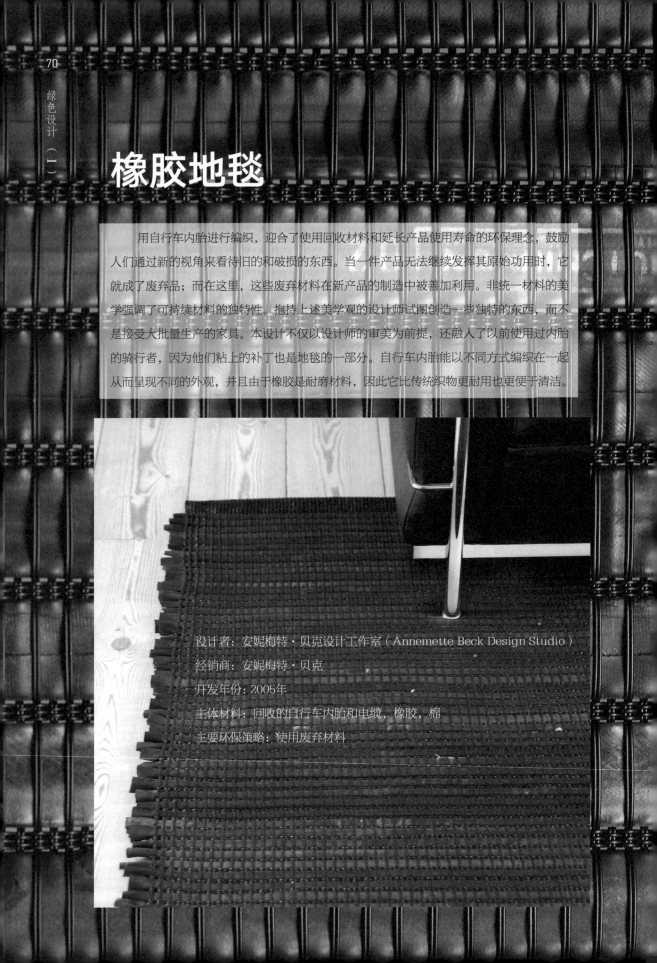

设计者：安妮梅特·贝克设计工作室（Annemette Beck Design Studio）

经销商：安妮梅特·贝克

开发年份：2005年

主体材料：回收的自行车内胎和电缆，橡胶，棉

主要环保策略：使用废弃材料

设计者：安妮梅特·贝克设计
工作室

照片：由经销商提供

致敬墨西哥

　　这款作品是设计师在墨西哥旅行之后诞生的，设计师在那里发现了一个简单而美好的设计案例——吊床。这款吊床由约2500个瓶盖编在一起制作完成。每个瓶盖都以三点缝合连接到其他瓶盖上，从而使紧凑的整体更加经久耐用，也易于清洗。吊床采用尼龙钓鱼线缝制，也可用作户外地毯。设计师的所有作品都是通过转变最平庸的消费品——矿泉水瓶、洗涤手套、酸奶容器——的使用方式以发现细节和创造可能性，以及使用旧产品和材料而不总是使用新材料以致耗尽世界资源等方式创造而成的。

设计者：玛格丽塔·马尔基奥尼

设计者：玛格丽塔·马尔基奥尼

经销商：玛格丽塔·马尔基奥尼，罗马另类画廊

开发年份：2009年

主体材料：塑料瓶盖

主要环保策略：使用废弃材料

照片：由西尔维娅·阿皮切（Silvia Apice）提供

滑板凳

　　破损的滑板是滑板运动不可避免的废弃副产品，它们通常只能被送往垃圾填埋场。滑板凳的设计者旨在找到这种"垃圾"的替代用途，看看在其原始功能之外，它还可能成为什么。滑板凳将废品回收制成独特的高品质家具。滑板上的擦伤和其他伤痕在原始滑板艺术品上创造出美丽的图案。滑板凳的设计灵感来自滑板破损的方式，因此，凳子有效地利用了破损的滑板材料。由于回收利用的滑板的多样性，每一个滑板凳都是独一无二的。尽管如此，设计师还是设计了该产品的生产工艺，以确保所有凳子符合规范，并且所有组件均可更换。

设计者：波德拉斯基设计有限责任公司

设计者：波德拉斯基设计有限责任公司
（Podlaski Design LLC）

经销商：deckstool.com

开发年份：2008年

主体材料：破损的滑板

主要环保策略：废弃材料的再利用

照片：由经销商提供

木制收音机

　　这种复古风格的木制收音机使用了三种可持续生长的木材。设计师辛吉·苏西洛·卡托诺（Singgih Susilo Kartono）旨在重新定义用户和产品之间的关系，并在使用本地可持续材料的同时，重振手工业和当地工艺。这款马格诺收音机由印度尼西亚木匠手工制作而成，辛吉希望制造出既可持续又具有社会效益的产品。收音机的机箱是由工匠们用可持续收获的木材制成的，他们可以将自己的技能运用到不仅仅是制作简单的纪念品上。收音机有不同的尺寸和款式，有些型号不仅可以播放AM和FM，还可以播放MP3。甚至用于运输收音机的包装也被设计成简单小巧的形式，并且可重复使用。

设计者：辛吉·苏西洛·卡托诺

经销商：阿雷沃（Areware，美国），木制收音机（Wooden Radio，
　　　　欧洲），开放房间（Open House，日本）

开发年份：2008/2009年

主体材料：可持续采伐的木材

主要环保策略：可持续材料

照片：由设计者提供

灵魂玩具

设计师辛吉·苏西洛·卡托诺丁1992年毕业于印度尼西亚万隆技术学院，获得产品设计学位。他没有留在城市里为设计公司服务，而是回到了爪哇中部的坎丹干村，以帮助其改善经济状况和生态系统。灵魂玩具在材料和生产方面遵循最佳可持续实践。该套装包括设计师童年时代的玩具——溜溜球、陀螺和洞棍，并经过设计师重新设计，如简化它们的形状，通过使用好木材来增加它们的强度。设计师还建立了一个树苗圃，种植树木以替代生产中使用了的树木。幼树也免费分发给村民，这样他们可以移植到自己的土地上。辛吉对材料的使用及他的生产方式有助于解决他所在村庄的经济和生态问题。

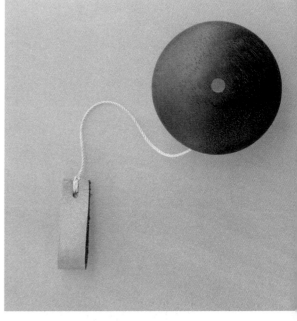

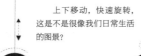

再次玩童年玩具也许只能将我们带入过去的记忆中……然而，凭借我们的经验和知识，这些玩具将帮助我们发现更深层的东西。如今，玩耍不仅是一项有趣的活动，还是一种冥想体验，一顿精神食粮。

灵魂玩具

上下移动，快速旋转，这是不是很像我们日常生活的图景？

溜溜球

每个人都知道溜溜球。但是，若想控制好它，你必须耐心地练习一会儿。

使其快速旋转……让你的手掌靠近去感受其产生的微风；竖起你的耳朵去聆听它的啸声……

陀螺

将棍子插入圆盘并压紧。正确的安装将使其持续稳定旋转。

用你的感觉去感受它，所有由快变慢、由慢变快的这一切都是错觉。你的心灵的静止引导你的内心。

洞棍

用你的指尖固定棍子并让圆盘悬空。将圆盘向上抛，小心地用棍子去接住它。这个游戏可以训练你的耐心、感官功能和反应力。

设计者：辛吉·苏西洛·卡托诺

制造商：皮兰蒂工厂（Piranti Works）

经销商：阿雷沃（美国），木制收音机（欧洲），
　　　　开放房间（日本）

开发年份：2005年

主体材料：各种木材

主要环保策略：可持续实践

照片：由设计者提供

阿奎蒂娜瓶是一款环保的可折叠瓶子。设计师盖伊·耶利米（Guy Jeremiah）发明了一种可重复使用的瓶子，当瓶子空的时候，可以使用六角手风琴式的折叠系统将其折叠成扁平的形状。将阿奎蒂娜瓶灌满三次，而不是使用三瓶新的瓶装水，就可以消除生产过程中产生的污染。同时它也是瓶装水的经济替代品，因为欧洲平均每人每年在瓶装水上的花费就超过120欧元。而阿奎蒂娜瓶的售价大约为6欧元，然后注满或再次注满水时就不必再花钱，更不用提它独特的折叠系统使得它便于运输，空的时候也很容易装进口袋。阿奎蒂娜瓶也比瓶装水更方便，它可以放在口袋或手提包里。感觉口渴了？只需在findafountain.org中输入你的位置，就可以找到最近的免费水源。

阿奎蒂娜瓶

设计者：商品设计事务所（Wares Design）

制造商：威廉·贝克特塑料制品公司（William Beckett Plastics）

开发年份：2010年

主体材料：低密度聚乙烯

主要环保策略：可重复使用，以减少浪费

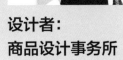

**设计者：
商品设计事务所**

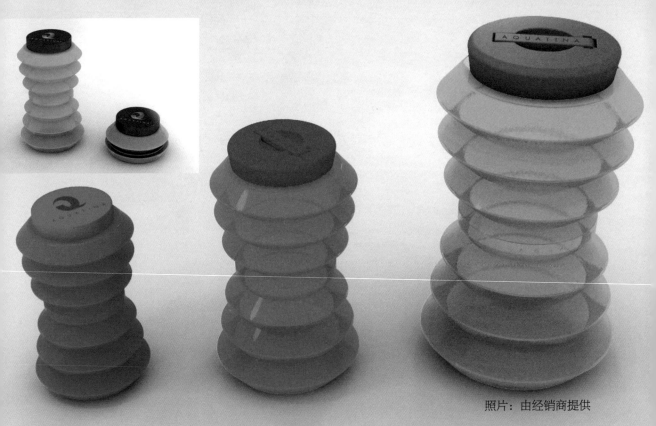

照片：由经销商提供

Recycoool - 黑色沙龙

　　这一系列的家具由汽车内胎制成，最初是作为椅子设计展览的一个想法，探索了"所有人都能负担得起的设计师的酷椅子"这一概念。在寻找廉价材料的时候，设计师遇到了成堆的旧汽车内胎，这种材料通常会对环境产生负面影响。于是设计师决定回收这些废弃的材料，从废弃产品中创造出一系列家具，否则这些材料就会被丢弃。用空气吹制回收的内胎，赋予了橡胶生命和稳定性；金属结构保持架管，使黑色部分呈现出类似巨型虫子的外观。这一系列家具外观的灵感便是来自昆虫世界。

设计者：尼尔·奥哈永

设计者：尼尔·奥哈永（Nir Ohayon）

经销商：尼尔·奥哈永

开发年份：2004年

主体材料：使用过的汽车内胎，金属

主要环保策略：废弃材料再利用

照片：由经销商提供

X天项目

　　这个项目是一系列用报纸制作的家具，其试图重新利用每天在伦敦街头赠送的报纸。"334长凳"和"89凳子"做起来都很简单，设计师希望这个想法能鼓励其他人开始收集废旧报纸，给予它们新的生命。长凳和凳子都由三对平行的金属条以及许多折叠并堆放在一起的报纸制成，334为长凳，89为凳子。该系列的挑战在于产品的回收利用，同时还要在不使用任何螺丝、胶水、焊接的条件下设计一款家具。由于报纸数量众多，因此堆放在3对金属条上后，整个产品结构非常牢固，可以容纳几个人同时使用。这些家具的制作成本大约为6欧元，再加上一些空闲时间即可完成。

设计者：奥斯卡·勒米特（Oscar Lhermitte）

经销商：设计原型

开发年份：2007年

主体材料：钢铁，报纸

主要环保策略：重复使用将被丢弃的免费报纸

设计者：
奥斯卡·勒米特

照片：由设计者提供

变形金刚

游走在室内设计和艺术设计的交叉领域，重新创作工作室（Studio-Re-Creation）帮助保存本来可能会被忽略或丢弃的物品和记忆。对于仍然具有个人价值的破损物品，设计师将物品进行重新设计，保留下其中的回忆。这种独特的环保理念不仅仅针对个人，也可以为企业服务。设计师的目标是保存珍贵的或剩余的物品，使它们可以转化为能代表个人或公司的愿景的核心部件。变形金刚象征着人与机器之间的关系。设计师的第一辆车，拉达·萨马拉·迪瓦，已经被重新塑造成一个强大的机器人形象。这个变形金刚处于随时准备出击的状态，其正置身于知晓自己的过去和探索自己未来之间的时刻。

设计者：尼古拉·尼科洛夫

设计者：尼古拉·尼科洛夫（Nikola Nikolov）

经销商：重新创作工作室

开发年份：2010年

主体材料：被丢弃或忽视然而充满回忆的物品

主要环保策略：改变材料的用途

照片：由经销商提供

球椅

由多琳·威斯特法尔（Doreen Westphal）
设计的球椅是室内与室外座椅以及植物容器的综
合体。球椅的设想来自人们可以坐在植物中的可能性。这款椅子有双重环境方面的考虑：
首先，它是由再生塑料和室内植物制成的。其次，当你厌倦了它的风格和设计时，你不必
丢弃它，相反，你只需要重新种入新的植物就可以赋予椅子完全不同的感觉。通过重新种
植不同的植物，球椅实现了完全的重新设计。其中一个设计变化体现在在椅子顶部设计了
一个拱形，让椅子形成一个屋顶的效果。攀缘植物可以利用拱形生长并占据顶部拱形空
间。这个设计具有户外的感觉，而另一个设计则看起来非常现代和简约。

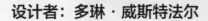

设计者：多琳·威斯特法尔

设计者：多琳·威斯特法尔

经销商：多琳·威斯特法尔设计有限责任公司

（Doreen Westphal Design BV）

开发年份：2008年

主体材料：再生塑料

主要环保策略：吸收二氧化碳

照片：由经销商提供

纸流苏

丹麦纺织设计师兼编织者安妮梅特·贝克以编织的基本原理为基础，运用这种古老的技术来试验新的面料和风格。她的产品范围包括地毯、窗帘、壁毯和房间隔断帘。她的实验产品展示了各种可回收和可再利用的材料。特色地毯由再生纸纱线制成，有九种颜色可供选择。通过使用各种材料，如再生橡胶、植物纤维和毛麻混纺面料，安妮梅特·贝克创造了一系列富有想象力的环保产品。贝克的方法很简单，她通过去除不必要的东西、只留下必不可少的部分来凸显材料的特性。她的每个设计都是独一无二的，各自以其独立的结构来讲述自己的故事。

设计者：安妮梅特·贝克设计工作室

设计者：安妮梅特·贝克设计工作室
经销商：安妮梅特·贝克
开发年份：2008年
主体材料：再生纸纱线
主要环保策略：再生材料

照片：由经销商提供

非制作07

　　非制作07这一系列花瓶，创作于2007年。设计师的目标是"非制作设计"，通过改变花瓶的原始外观，将甚至是批量生产的产品转变成个人艺术品。这个系列的每一个花瓶都从慈善商店、二手商店、旧货义卖或跳蚤市场中购得，没有一个是作为新产品购买的。设计师使得一件曾经被珍爱的、如今已过时或不再受欢迎的物品，重新变得有意义。在这一过程中，原有的釉面图案被去除，并在其上留下标志品牌"非制作07"。非制作07探讨了大批量生产和品牌创建之间关系的主题，通过这些非手工制作的废弃花瓶，表达设计师对过度生产和大众消费的批判。下次你想买一个新花瓶时可以问问自己这个问题：我们真的需要另一个新的花瓶吗？

开发年份：2007年

主体材料：二手陶瓷花瓶

主要环保策略：重新利用不再需要的产品

照片：由凯伦·瑞安提供

设计者：凯伦·瑞安

"制造于""小心轻放"和 "易损易碎"系列产品

　　这些由布丽奇特·韦斯特（Bridget West）设计的软垫是通过数码印刷印到有机棉麻帆布上制作而成的。软垫内部填充了有机毛球，将该设计对环境的影响减到最小。"制造于"系列的软垫和家具利用了我们对标签的痴迷。由各种"制造于"标签组合成的图案，提醒消费者要意识到并质疑产品的来源，以及其制造过程背后的伦理原则。"易损易碎"系列的表面设计是产品的护理指示标签，通常这些标签缝制在产品内部，很少有人注意到，现在则把它们放到产品的表面让所有人都能看到。它提醒我们要更加关注产品的细节，质疑它们的来源和制造工艺，并"小心轻放"，以便延长它们的使用寿命。

设计者：布丽奇特·韦斯特

设计者：布丽奇特·韦斯特

经销商："破碎的你"工作室（Pieces of you）

开发年份：2008年

主体材料：纺织面料

主要环保策略：使用有机棉

照片：由经销商提供

诺克斯系列家具

　　屡获殊荣的家具制造商Team7总部设在奥地利，其所有的家具都采用生态环保的方法生产。诺克斯系列家具由长凳、餐桌、床、橱柜和抽屉柜组成，设计师们"让木材自然呈现它们的样子"，保持木材的自然图案不变，并赋予家具独特的外观。Team7特别关注使用的木材来源的可持续性，只使用来自可持续管理森林的木材。所有木制品都使用无甲醛胶进行黏合，并使用天然的植物油进行表面处理。从生产开始到结束，诺克斯系列的所有家具都是在采伐现场生产的，其他额外的运输和交付环节也是尽可能以最环保的方式进行，公司总部附近的加工设施也要求要尽量减少对环境的影响。

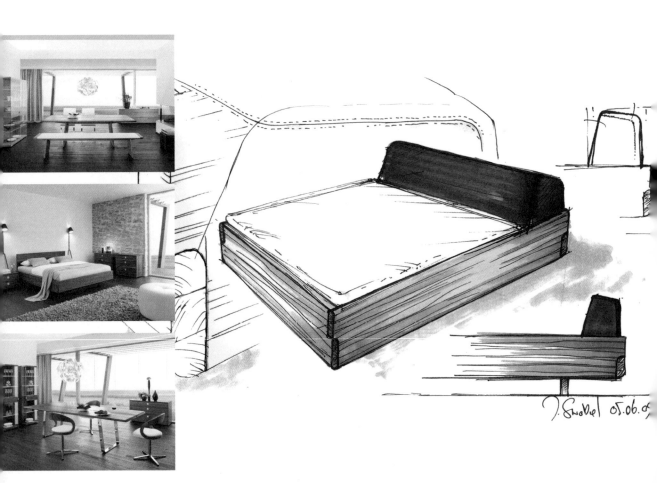

设计者：雅各布·斯特罗贝尔

设计者：雅各布·斯特罗贝尔（Jacob Strobel，Team7设计团队负责人）

经销商：Team7

开发年份：2009/2010年

主体材料：当地木材、玻璃和真皮，天然植物油，无甲醛胶

主要环保策略：可持续材料

照片：由经销商提供

图帕凳

　　这些设计师相信可持续的设计、精细的做工、高标准的生产、环保的材料和当地的生产是共同努力创造一种一致的工业意识的必要元素，在这里，产品是为了他们的目标市场经过深思熟虑后创造出来的，同时还要保证资源浪费的最小化。图帕凳是一款原创的、独特的凳子，其功能和外观造成了陌生的体验预期。凳子可以并排摆放，也可以叠加放置。每一个图帕凳都矮小结实，方便移动，它由可回收软木制成，这使得其成为一种时尚和可持续生活方式，为你的客厅增添一些乐趣。凳子的设计结合使用了自然色软木和金属，其中软木是一种可持续材料，而金属可以在形状和颜色上进行定制，从而赋予了它有趣、好玩的特性。

设计者：马里纳68事务所（marina68）

经销商：设计原型

开发年份：2008年

主体材料：软木和金属

主要环保策略：使用可持续材料

设计者：马里纳68事务所

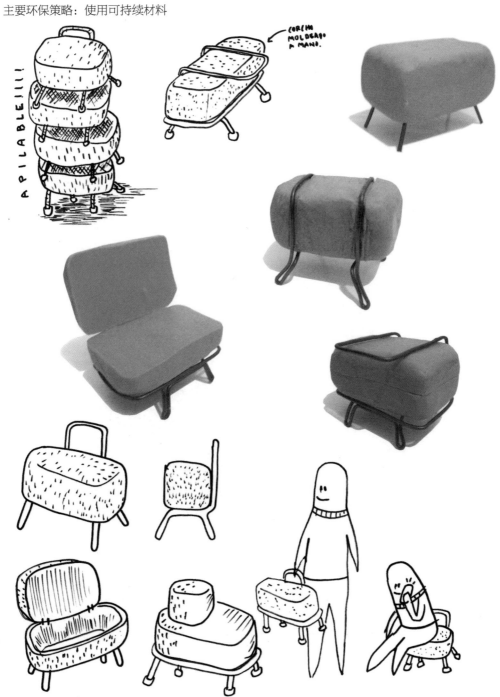

照片：由设计者提供

可持续花瓶和容器

　　萨拉·瑟尔威尔（Sarah Thirlwell）的这些花瓶和容器将设计的力量与可持续材料结合在一起，产生了各种各样的功能性室内产品。由FSC（森林管理委员会）认证的可持续来源制成的高档桦木胶合板采用回收材料进行分层。设计师使用的回收材料来源广泛，包括回收的冰箱门内衬或自动售货机塑料杯，或从废弃的标牌中回收的丙烯酸树脂。这些回收材料在她的作品中根本无法辨识，这一事实鼓舞了她。通过她对这些材料的创新使用，这些花瓶和容器呈现出花岗岩或大理石般的外观。目前该作品系列包括条纹椭圆三花瓶、层压碗和大型蒂娜容器。

设计者：萨拉·瑟尔威尔

设计者：萨拉·瑟尔威尔

经销商：萨拉·瑟尔威尔

开发年份：2009/2010年

主体材料：高档FSC认证的桦木胶合板，回收利用的冰
　　　　　箱门内衬和自动售货机塑料杯等。

主要环保策略：可持续材料

照片：由经销商提供

舒布莱登柜

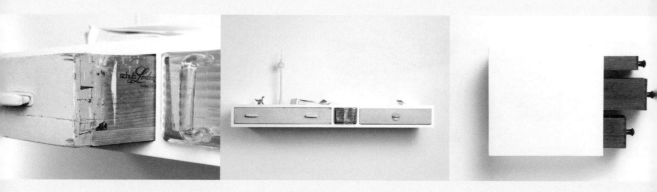

　　这位设计师采用了一种独特的回收方法，不再仅仅回收一个物品并将其再利用，而是使用不同的回收来的抽屉，将它们组合在一起，创造出全新的、原创的东西。这一构思强调了这样一个事实：乍一看似乎陈旧而破损的东西，其实可以重新变得很有用。这种生活态度挑战了今天的消费文化，即简单地扔掉任何不能立即证明它仍然有用的东西。设计师与当地企业和农场合作，以获得任何可能需要的额外材料，从而减少交通运输带来的对环境的影响。那些独特的、带有签名或编号的抽屉也进行了专门设计，以满足每个客户的独特需求，所以基本没有浪费的或用不上的材料。

设计者：弗兰齐斯卡·沃迪卡

设计者：弗兰齐斯卡·沃迪卡（Franziska
　　　　　Wodicka）/舒布莱登公司
　　　　　（Schubladen）

经销商：舒布莱登公司

开发年份：2007年

主体材料：老式抽屉，中密度纤维板

主要环保策略：回收材料

照片：由经销商提供

萨瓦迪家具

　　萨瓦迪设计公司（Sawadee Design）使用的都是由于疾病、建筑工程、风暴破坏或在某种意义上变得危险而被砍伐的树木。每一块木头都在讲述自己的故事，这家公司使用的一些木材甚至含有二战的手榴弹碎片痕迹，通过这些痕迹来讲述那些它们亲历的德国历史故事。萨瓦迪生产的每件作品都是由整块木头雕刻而成的，无须黏合或人工组装在一起。几乎所有使用的木材都有有趣的结构特征，比如节孔和树枝的残余，这些结构缺陷往往意味着这块木头通常会被废弃掉，因为它不适合作为传统的生产材料。萨瓦迪主要在其位于柏林的工厂生产该公司的所有产品。

设计者：
乔恩·纽鲍尔，
克里斯蒂安·弗里德里克

设计者：乔恩·纽鲍尔（Jörn Neubauer），

　　　　克里斯蒂安·弗里德里克（Christian Friedrich）/

　　　　萨瓦迪设计公司

经销商：萨瓦迪设计公司

开发年份：2007/2008年

主体材料：木材

主要环保策略：使用废弃木材

照片：由经销商提供

4mula盒状肥皂

4mula盒状肥皂是七项国际设计大奖的获得者，被《艺术评论》称赞为"新的设计经典"。它是一款有机肥皂的设计，包括两块人体工学皂和一块迷你皂。4mula在制作沐浴系列产品时使用的是含有天然配料的纯精油。通过使用天然配料、符合人体工学的设计和可重复使用的包装，4mula确保其产品对环境的影响最小。内置的两个支撑脚是人体工学皂的一大特色，它们具有双重用途：首先，它们可以将皂身抬高到有水的表面之上，以便在使用期间保持干燥，使肥皂更加耐用；此外，在两个支撑脚之间可以形成一个通道放置手掌，使其符合人体工学，更方便使用肥皂进行擦洗。这款设计内部的产品使用时间是同步的，平均来说，两块人体工学皂使用的寿命和用于洗手的迷你皂的使用寿命是一样的。

设计者：蒂莫西·巴哈什

设计者：蒂莫西·巴哈什（Timothy Bahash）

经销商：4mula公司

开发年份：2004年

主体材料：天然肥皂和精油

主要环保策略：有机、天然的材料

抬高肥皂（Raising the Bar®）

4Mula盒状肥皂图解

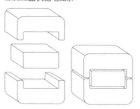

图1:

    4mula盒状肥皂包含两块人体工学皂（身体用）和一块迷你皂（洗手用）。

图2:

    人体工学皂的支撑脚将皂身抬高到有水的表面之上，以便肥皂在使用期间保持干燥，使其更加耐用。

图3:

    将人体工学皂倒置，手可以舒适且方便地抓握两个支撑脚之间的凹面，从而用平坦的一面进行擦洗。

照片：由经销商提供

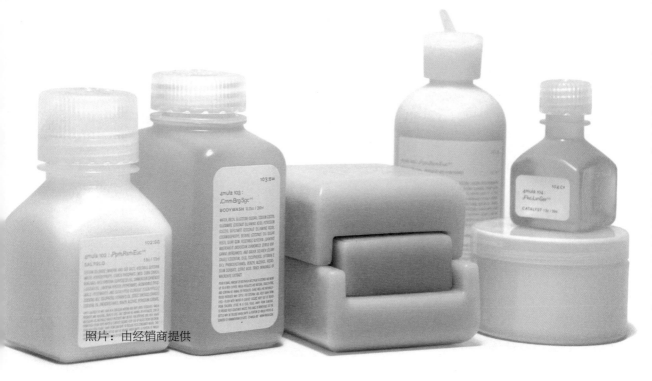

布克凯洛系列产品

　　纸的制造是一个"转瞬即逝"的产业，它几乎完全只能用于传递信息或者进行产品包装。为了满足这种巨大的需求，无数的森林被砍伐。而设计师通过这一系列完全由纸制作而成的物品，以一种不同的方式来重新思考纸的用途。她认为纸不只是传递信息或者进行包装的手段，而且是一种有价值的、耐用的材料，它可以复兴我们的文化遗产。

　　布克凯洛系列产品的灵感来自古伊特鲁里亚陶瓷中特有的黑色布克凯洛陶器。纸的这种新用途让观众可以从不同的角度来看待我们的日用品，而不再认为那些日用品就只能是它们理所当然的样子。对这些日常不起眼的材料投入时间和精力进行设计开发，也是对当今"一次性"文化的一种挑战。

设计者：西巴·萨哈比

设计者：西巴·萨哈比（Siba Sahabi）

经销商：西巴·萨哈比

开发年份：2010年

主体材料：纸

主要环保策略：可持续材料

照片：由卡林·努斯鲍默（Karin Nussbaumer）和安妮玛丽·巴克斯（Annemarijne Bax）提供

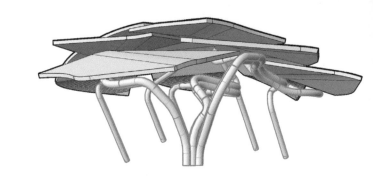

树叶屋

　　树叶屋是一座根据环境而设计的建筑，能让使用者同时体验到在室内和花园中的感觉。该设计从自然中汲取意象，并通过建筑表达出来，在室内和室外环境之间创建起一种联系。这座建筑给使用者一种全方位的观感和体验感——四面八方，从上至下。因此，该设计在各个方面都是独一无二的，随着周围环境不断发生着变化。设计中运用了多项生态环保准则，如自动加热/冷却系统、低能耗照明、电器和电力系统、雨水收集技术以及使用本地材料。设计师将这些合理的环境设计原则与各种技术水平的材料应用相结合，创造出一座和谐、敏感、与环境融为一体的建筑。

设计者：暗流建筑事务所（Undercurrent Architects）

经销商：无

开发年份：2009年

主体材料：来自本地的材料，钢，玻璃，石材，混凝土，铜

主要环保策略：被动加热和冷却，本地材料

设计者：
暗流建筑事务所

照片：由设计者提供

"垃圾"水槽

　　"垃圾"系列的再生橡胶水槽是由设计师有意识地尽量只以最绿色的形式使用材料而创造出来的产品。水盆由便宜的再生橡胶制作而成，它给予了这些旧的、废弃的材料以新的生命和功能。这些水槽的设计非常简单，在设计上更注重环保、功能性以及家居固定装置的可持续性。最大限度减少材料的使用避免了浪费，并且水槽在完成其生命周期后还可以回收再利用。再生橡胶材料的用途非常广泛，可用于制造各种不同形状和大小的水槽。

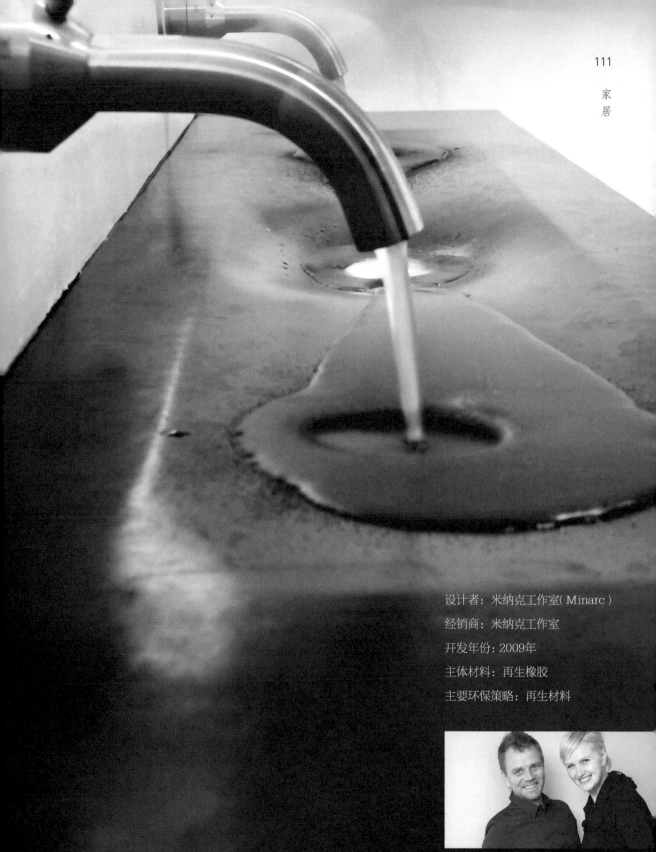

设计者：米纳克工作室（Minarc）

经销商：米纳克工作室

开发年份：2009年

主体材料：再生橡胶

主要环保策略：再生材料

照片：由经销商提供

设计者：米纳克工作室

高端市场工作室家具

    高端市场工作室（Higher Market Studio）专门以一种独特而环保的方式翻新别人不再想要的二手家具。每一件家具都是独立的现代化家具，他们通常将20世纪60年代和70年代的家具回收过来，然后使用明亮的颜色以及激光切割层压板将其表面翻新。通过这些措施，给重新设计改造的家具一个现代化的外观和定制般的品质。翻新使家具再次变得有实用价值，并且顺应新的潮流。设计师并没有完全抛弃旧的、过时的东西，而是给了这些老旧的、破损的家具第二次生命。层压板与木材形成鲜明对比，强调了家具的标志性特征，也使其表面更便于使用。这款家具的独特卖点在于它是回收利用的，制作精良，独具个性，实用，且风格时尚和现代。

设计者：露西·特纳

设计者：露西·特纳（Lucy Turner）/高端市场工作室

经销商：露西·特纳

开发年份：2009年

主体材料：柚木、丽光板

主要环保策略：重新赋予家具用途

照片：由经销商提供

罗奇特长桌凳

　　软木洒瓶塞正逐渐被塑料瓶塞取代，因此软木塞成为一种代表经济倒退的材料。本项设计旨在将软木作为一种可持续的、环保的材料来推广，并在软木产业中发现新的应用——关注新型消费品及其制造工艺，发现不同的工业应用领域，从而重新定义以软木为基础的产品设计。罗奇特长桌凳既可以是长凳，也可以是桌子，它由回收软木制成。这个设计旨在给一个没有生命的物体注入个性，让你想要触摸它，环视它，重新认识它。圆润可爱的外形特征，将其定义为一个稳定、对称的物体，使人们联想到在孩子们的眼里，桌子或长凳应该有的样子。

设计者：
马里纳68事务所

设计者：马里纳68事务所

经销商：设计原型

开发年份：2008年

主体材料：软木

主要环保策略：使用可持续材料

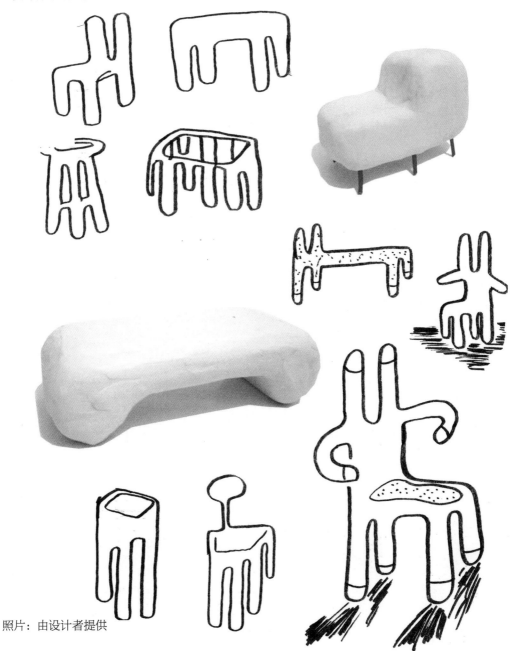

照片：由设计者提供

绿色设计（Ⅰ）

X形椅

　　这家公司的目标是，证明那些很容易被视为废物的使用过的木托架很结实，可以发挥许多不同的功能，比如制作成小桌子、凳子和椅子等等。X形椅是由生产折叠式"托盘椅"时多余的木材制作而成的，而那个托盘椅同样也来自天然气和空气工作室（Gas & Air Studios）。每个折叠式托盘椅都是由一个单独的回收木托架制成的，每年数千个这样的木托架被填埋在英国各地的垃圾填埋场里。未用于生产制造托盘椅的木材随后被用于制造X形椅，这意味着所有托盘的木头都物尽其用了。每把椅子都是手工制作的，所以没有生产性排放物。木材是可回收的，在生产过程中对木材未做化学处理，使用的油漆也是无溶剂的。而且这款椅子非常耐用，可以陪伴你一生。

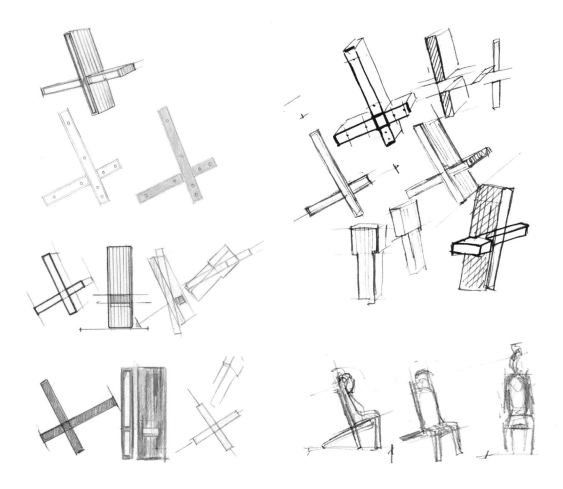

设计者：天然气和空气工作室

设计者：天然气和空气工作室
经销商：天然气和空气工作室
开发年份：2010年
主体材料：木材
主要环保策略：使用废弃材料

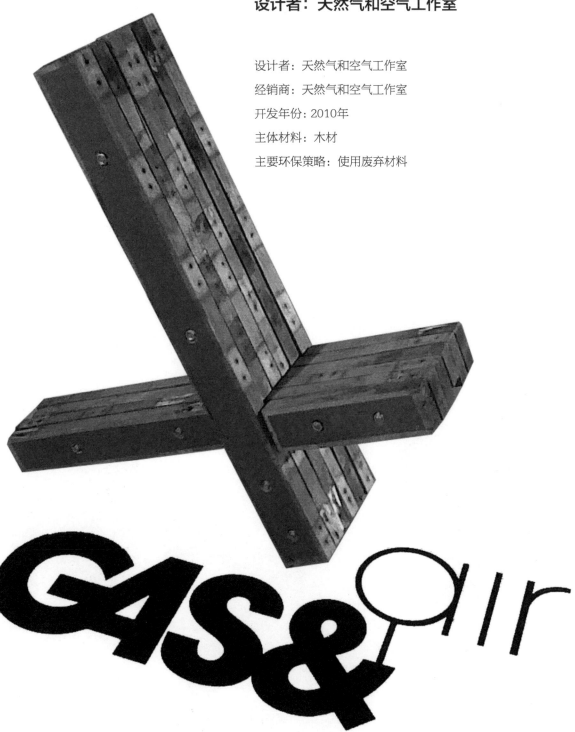

照片：由经销商提供

大猩猩汉诺

    大猩猩汉诺，如下图的原创黑色树脂模型所示，是设计师大卫·威克斯（David Weeks）设计的一系列木制动物玩具之一，所有这些动物玩具都是由不同类型的可持续采伐的木材制作而成的。这款大猩猩是目前市场上比较常见的塑料玩具的环保替代品。它采用松紧带作为肌肉连接，结合耐用的木制四肢使得它几乎不可能被折断破坏。这款30厘米高的硬木玩具可以使用很多年，可移动部件能固定在任何不同的位置。大猩猩汉诺将凯·博耶森（Kay Bojesen）的标志性柚木猴与当代涂鸦文化玩偶市场联系了起来。

设计者：大卫·威克斯

设计者：大卫·威克斯

经销商：Areaware公司

开发年份：2008年

主体材料：山毛榉木

主要环保策略：可持续采伐的木材

照片：由设计者提供

电路艺术品

　　这些令人惊叹的设计是由西奥·卡梅克（Theo Kamecke）用电路板作为艺术材料设计创造的。卡梅克没有简单地把这种材料看作是旧的、破损的、不再有用的东西，而是决定把这些"科技时代的老古董"变成实用的产品。卡梅克的这一系列产品包括雕塑、盒子、内部照明的雕像、陈列柜和橱柜。每一款产品在设计上都使用了电路板和硬木，每一款产品都表明，我们的惯性思维里认为的那些普通和固化的使用方式，实际上可以以另一种形式来充分运用。通过这些设计，卡梅克意在强调这样一个理念：工厂生产出来的东西即使没有达到其预期目的，也不一定是垃圾。设计师通过将平凡的事物结合一些想象力来创造实用的艺术品，并让这些艺术品成为永恒的、人性化的东西。

设计者：西奥·卡梅克

经销商：西奥·卡梅克

开发年份：1984年至今

主体材料：老式电路板（金属，环氧玻璃），硬木

主要环保策略：重新赋予材料用途

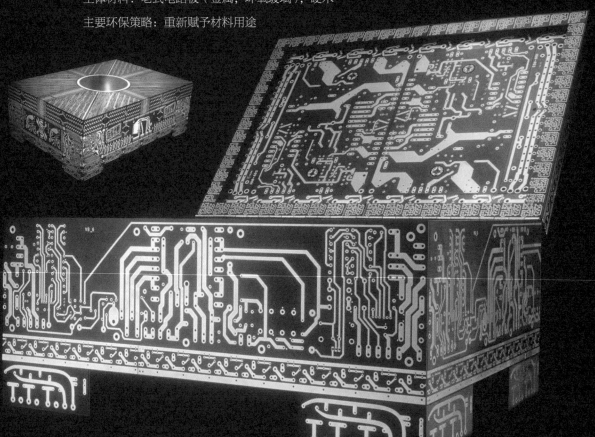

设计者：西奥·卡梅克

照片：由经销商提供

Nananu座椅

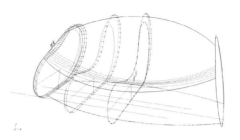

Nananu是一款放在特定场合的雕塑座椅，由蒸汽弯曲的白蜡木板条和南洋衫制成，并使用不锈钢螺丝钉拧到数控切割的胶合板上，从而固定成形。对于这个产品来说，用料越少越好。设计师有意识地使用最少的材料来达到最大的效果。木材未经抛光打蜡，生产中也未使用喷雾剂和溶剂。所用的南洋杉都是从由澳大利亚政府管理、采用可持续经营模式的林地里采伐的，而且胶合板使用的是EO级胶水。座椅的简单设计旨在唤起与自然世界的紧密联系，这一长期性设计不会被"更新颖的外观"所取代。在合适的时机，这家公司还会尝试使用可再生能源。本着这一原则，Nananu是使用66%的可再生电力制成的。

设计者：大卫·特鲁布里奇

设计者：大卫·特鲁布里奇（David Trubridge）

制造商与经销商：大卫·特鲁布里奇有限公司（David Trubridge Ltd.）

开发年份：2006年

主体材料：美国白蜡木，南洋杉胶合板

主要环保策略：使用66％可再生能源制造，采用来自可持续管理林地的木材

照片：由经销商提供

户外长椅

　　巴特·巴卡恩（Bart Baccarne）的这款户外长椅由再生塑料制成。椅背由从工业食品容器中提取回收的聚乙烯制成，弯成一定的形状，为用户提供更高的舒适度。而椅身的横条由以PP和PE为主的再生塑料制成，这些塑料主要来自塑料板材、工业垃圾和工厂废料等。这种材料不生锈、不腐烂、零维护、易清洗，因此非常适合城市户外使用。再生塑料通常被视为劣质或三流材料，但巴卡恩认为将这些半成品升级为具有实用价值的一流美学产品是他的职责。这款长椅在2008年被授予了OVAM生态设计奖。

设计者：巴特·巴卡恩

经销商：巴卡恩设计工作室（Baccarne Design）

开发年份：2007年

主体材料：再生塑料

主要环保策略：再生材料

设计者：巴特·巴卡恩

照片：由经销商提供

果冻杯

　　果冻杯是一系列不同口味的可食用杯子，与相应的饮料相得益彰。这些杯子是用一种叫琼脂的胶状物质做成的，可以在喝的时候咬上一口，而且，剩下的任何残渣都可以用来堆肥。果冻杯可以制造成许多种不同的口味，如柠檬罗勒味、生姜薄荷味，还有迷迭香甜菜味。每种独特的味道都经过专门设计，用以增强杯中饮料的风味。琼脂是一种从红藻里提取出的可再生胶状物质，它半透明，可塑形，可食用，可生物降解，所以用它做成的果冻杯或许会成为未来的一次性杯子，从而取代那些每年都有成千上万个被扔进垃圾填埋场的一次性塑料杯。

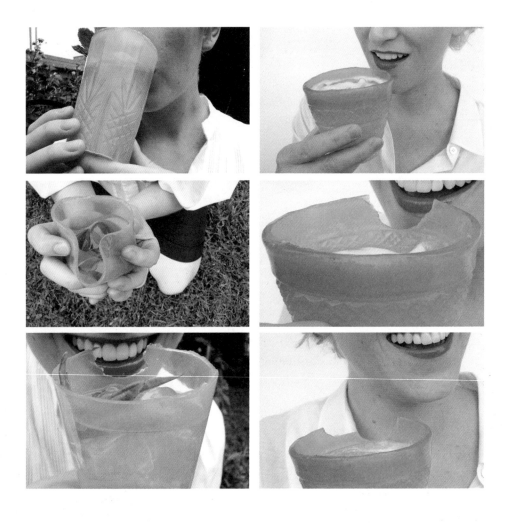

设计者:"我们看世界的方式"设计小组

设计者:"我们看世界的方式"设计小组

　　（The Way We See The World）

经销商:"我们看世界的方式"设计小组

开发年份:2010年

主体材料:琼脂

主要环保策略:显著地减少废弃物

照片:由经销商提供

空中情人

　　空中情人是维克多·M. 阿莱曼（Victor M. Alemán）设计的一款家具。其由可再生和可回收材料制成，共有八个模块，可以自行组装和拆卸，以便将其打包装进小箱子。这一设计有两个好处：一是占用较少的空间，从而减少了由交通运输造成的污染；二是使用尽量少的包装，从而减少了包装垃圾的数量。每个模块都是由专业工匠采用高超的技术工艺手工编织而成的。这款家具利用可持续发展的方法开发利用该地区的材料，利用柳条来实现产品的外观和功能。产品样式虽然非常简单，但却用最低限度的材料达到了让人惊叹的效果。

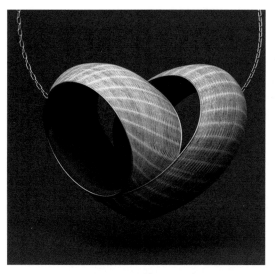

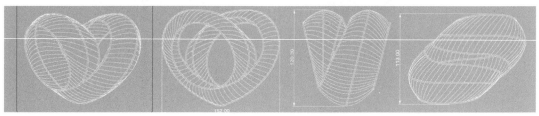

设计者：维克多·M.阿莱曼

经销商：维克多·M.阿莱曼工作室

开发年份：2008年

主体材料：不锈钢，天然纤维

主要环保策略：可再生和可回收材料

照片：由经销商提供

设计者：
维克多·M.阿莱曼

米图橱柜

　　Hi-Macs是一种固体材料，用于制作橱柜等表面，这种矿物材料由大约三分之一的丙烯酸树脂和5%的天然颜料组成。丙烯酸、天然矿物和颜料的合理组合，最终制造出了Hi-Macs这种材料，它能打造出无孔、光滑的表面，不仅可以满足最严格的卫生要求，还有比传统替代产品更多的优势。Hi-Macs是一种全方位环保的材料，从它节约资源的构成、加工和能源平衡，到它几乎"无浪费"的制造和处置都体现了这一点。Hi-Macs比大理石、花岗岩、玻璃、陶瓷、层压板或聚酯等传统材料更优越，尤其是在适应性以及无缝对接的可能性方面，而且它也更容易修理。

设计者：米图（Miton）

经销商：米图

开发年份：2010年

主要材料：Hi-Macs

主要环保策略：天然材料和颜料

照片：由瓦尔特·巴尔丹摄影工作室（Valter Baldan Fotografo）提供

生态厨房

    生态厨房是一个关于如何在现实世界中建立生态友好栖息地的具有全球前瞻性的研究项目。本项目的目标是将生态工程引进到住房中，在不提倡完全改造的前提下对既有住房进行升级。生态厨房脱胎于一项基于对每个家庭的神经中枢——厨房——的分析的实验性尝试。它是我们储存和准备食物的地方，也是产生和排放废弃物的地方，更是日常交流和聚会的重要场所，同时，厨房还是一个产生各种各样污染的地方，这使它成为理想的研究生态设计的重点区域。

设计者：劳伦特·莱伯特，
维克多·马西普

设计者：劳伦特·莱伯特（Laurent Lebot），维克多·马西普

（Victor Massip）/法尔塔西工作室（Faltazi）

经销商：设计原型

开发年份：2010年

主体材料：不锈钢和再生塑料

主要环保策略：推广生态实践与环保材料

照片：由设计者提供

住所模型套件

　　这组建筑模型套件用于建造小型房屋、教堂、城堡及桥梁。它使用天然材料如陶瓷、木材、鹅卵石，有时还有雕刻的元素，做成一个逼真的外观。不同难度等级的模型基于不同的建筑来源。有的是根据历史风格建造的，有的是历史原型的复制品。其中一个系列包括当代建筑师设计的房屋，比如由布吕加尔建筑与工程公司（Brugal Arquitectes & Engineers）设计建造的姆拉公寓（2008年）。纸板做的地基，同时也作为屋顶梁或支撑拱的重要结构支撑，用砖块、木板、瓦片等天然材料覆盖在外层。除了墙上的开口，这个模型的建造过程和真正的建筑基本一致。并且，连房屋周围的植物景观也包含在这组套件中。

设计者：布吕加尔建筑与工程公司，住所模型套件公司（Domus Kits）

经销商：科洛纳网络公司（Corona Net）

开发年份：2008年

主体材料：砖，木

主要环保策略：天然材料

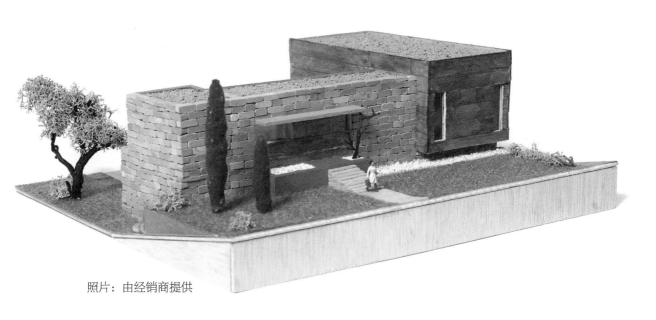

照片：由经销商提供

可持续曲线家具

　　木材，如果用可持续发展的方式来适当地采伐，就可以给森林带来再生和持续生长的可能性。砍伐多余的树木也可以促进新的树木生长，扩展动物繁衍发展的栖息地。因此，设计师朱丽娅·克拉茨（Julia Krantz）选择使用木材而不是其他可持续材料来进行设计创新。她的一系列手工家具的设计只使用可持续采伐的木材，注重工效学及耐久性。朱丽娅·克拉茨尝试构想出能代表自己的作品，而不与任何风靡一时的作品联系在一起。正因为以上尝试，这些家具可能会被几代人欣赏和使用，这样就可以阻止冲动消费和生产浪费。

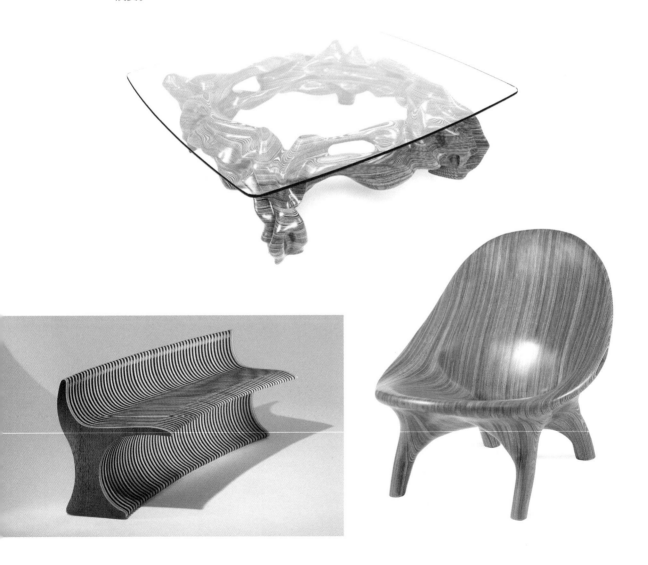

设计者：朱丽娅·克拉茨

设计者：朱丽娅·克拉茨

经销商：朱丽娅·克拉茨·莫维拉里亚有限公司

（Julia Krantz Movelaria Ltda ME）

开发年份：2010年

主体材料：巴西FSC认证的木材制成的层积胶合板，木块

主要环保策略：可持续采伐的木材

照片：长凳由伊万·塞格（Ivan Sayeg）提供，其他由安德烈·戈多伊（Andre Godoy）提供

安德烈亚
空气净化器

贝尔空气设计原型由法国设计师马修·雷汉尼尔（Mathieu Lehanneur）与大卫·爱德华兹（David Edwards）及哈佛大学合作完成，其建立在由美国国家航空航天局（NASA）在20世纪80年代设计的基本构成部分之上。设计师和科学家之间的合作源于20世纪80年代NASA研究人员进行的一项研究。当时NASA发现了一些植物有吸收空气中有毒化学物质的能力，因此设计了一个使用多种植物制成的过滤系统，他们发现，在几个小时内，一半的甲醛被清除了。安德烈亚是一款有生命的空气净化器，利用植物吸收空气中的毒素，空气通过它时可以被植物的根和叶净化。

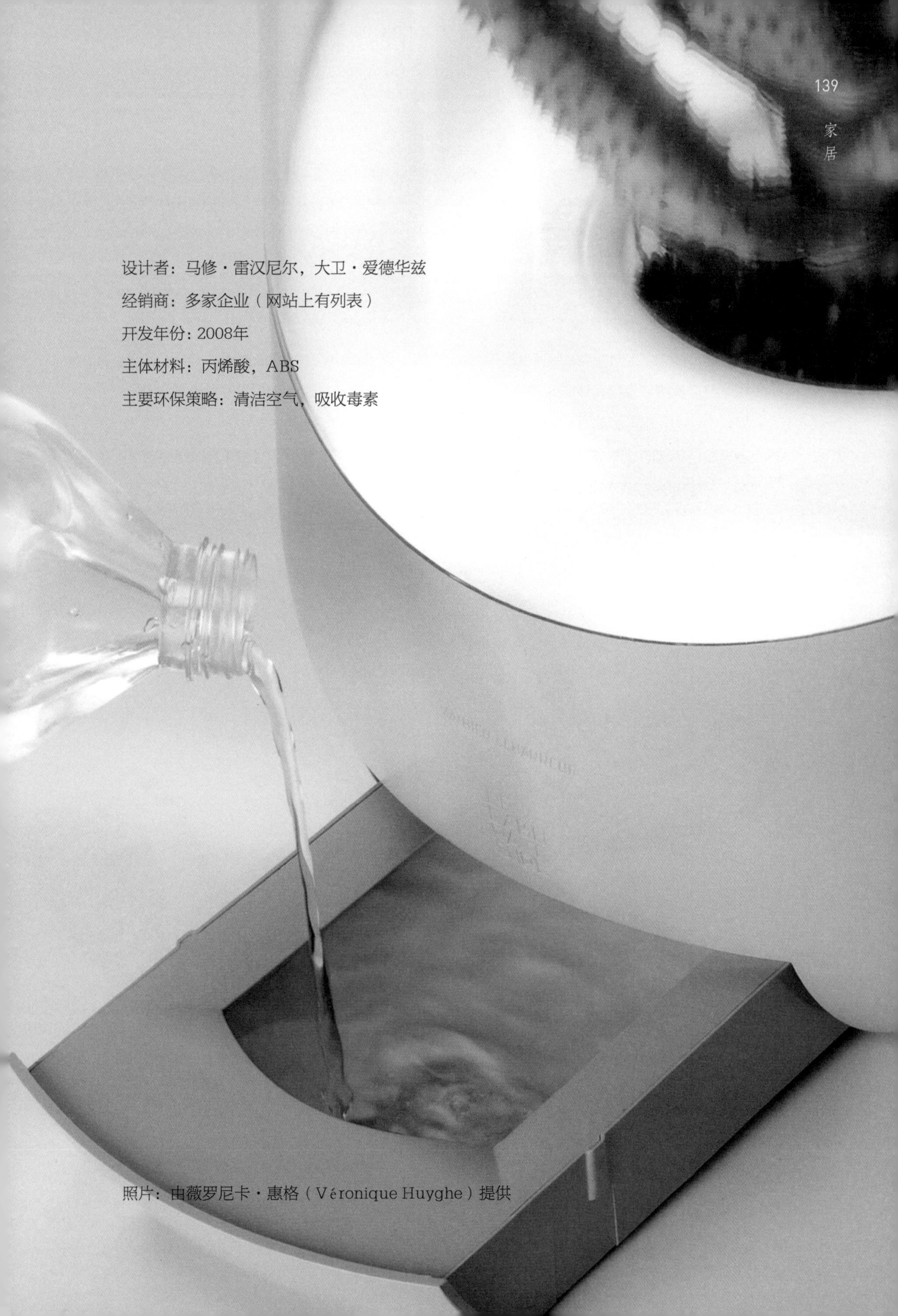

设计者：马修·雷汉尼尔，大卫·爱德华兹

经销商：多家企业（网站上有列表）

开发年份：2008年

主体材料：丙烯酸，ABS

主要环保策略：清洁空气，吸收毒素

照片：由薇罗尼卡·惠格（Véronique Huyghe）提供

露丝摇椅

露丝摇椅由设计师大卫·特鲁布里奇设计制作。椅子合理使用胶合板，既有硬质版，也有软质版。软质版的露丝摇椅使用柔软的坐垫，并覆盖100%新西兰羊毛。它使用的是硬质胶合板的边角料，显著减少了材料的浪费。露丝摇椅是由白蜡木板条和南洋杉胶合板框架制成的。南洋杉是从由澳大利亚政府管理、采用可持续经营模式的林地中采伐的，胶合板是用环保胶水制成的。木材采用手工擦油的方式完成，在生产过程中不使用喷雾和溶剂，并使用66%可再生电力加工制造，力求与自然世界和谐共处。

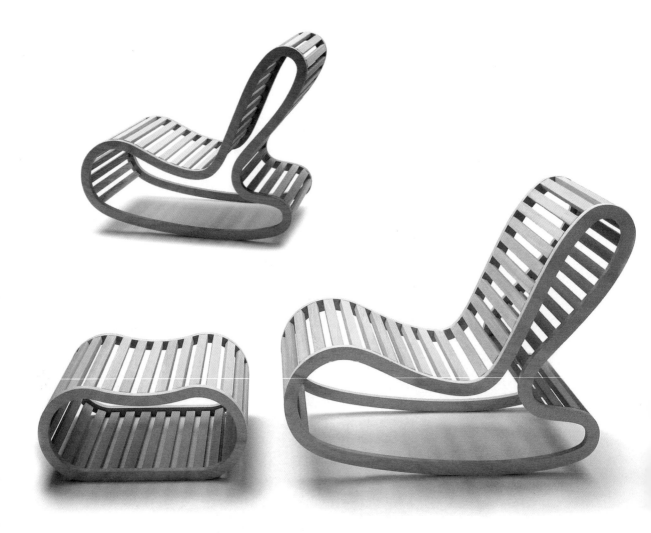

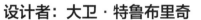

设计者：大卫·特鲁布里奇

设计者：大卫·特鲁布里奇

制造商与经销商：大卫·特鲁布里奇有限公司

开发年份：2004年

主要材料：美国白蜡木，南洋杉胶合板，羊毛

主要环保策略：使用66%可再生电力制造

照片：由经销商提供

照 明

　　提供人工照明的主题给了设计师展示创新的绿色设计理念的机会。如果不在这里，那么还能在哪里证明对自然资源负责任的使用并不意味着必须放弃美感和风格？在当今社会，被广泛使用的节能灯和LED灯迎合了人们对现代环保生活的需求，因而在当今社会被广泛使用。太阳能如今已经被广泛使用：阳光在可充电电池中被储存为能量，然后在需要的时候，用来提供人工照明。这样就形成了一个独立的光源库，白天充电，点亮夜晚。

　　新的先进技术如使用可再生能源（如风能），以及应用生物技术，甚至可以重新定义灯具的概念。在本书的一个关于藻类的案例中，藻类被放置在一个只有水和空气的水族馆里，可以直接产生光。

　　然而，传统的绿色生态生产工艺也起着重要的作用：设计师深思熟虑什么材料是可持续的，什么可以重复使用，用尽可能生态环保的方式运输包装，甚至使用环保的胶水、丝线等等。灯罩由回收来的旧的、过时的物品甚至工业废物制成。生产出的产品非常独特，而且在任何方面都和传统产品不同，因为它的功能改变非常大胆激进。废弃物质开始它们的第二次生命，其功能与第一次生命甚至完全无关。本章中展示的许多设计都是真正的光雕塑，受早期经典照明形式，如枝形吊灯的影响。这些产品模型让传统样式变成了优雅的新潮流，展示了正确使用能源和资源的方式。

　　在这本书中尤其特别的是出现很多次的"扁平化包装"的灯和灯罩。这些灯使用更少的包装，运输时占用空间小，减少了对环境的影响。这些灯罩大多可以互换，因此我们只要更换灯罩而不是整盏灯，就可以改变产品的外观以适应新的设计风格或心情。

GHT

查斯克台灯

　　查斯克台灯是扁平封装的LED灯光源，可以用在书桌、工作或轨道的照明。查斯克台灯使LED照明的价格能为大家所接受，并且可以根据个人需求进行定制。它还鼓励用户作为合作设计师参与设计，从而重新定义了产品与用户之间的关系。这个灯在地方优势和可持续产品之间起到了催化剂的作用，帮助两者建立对话与交流。这款灯是生态设计的一个典型例子，因为它的大小、形状、光源和包装都是根据材料和制造效率来选择的。查斯克台灯利用了LED照明的效率，且融入了灵活性。而制造成扁平化的包装运输，则最大限度地提高了材料的利用率并减少了切割时的浪费。

设计者: 杰米·萨尔姆 (Jaime Salm), 罗杰·C. 艾伦 (Roger C. Allen) / MIO

经销商: MIO欧洲有限公司

开发年份: 2008年

主体材料: 粉末涂层钢和LED灯带

主要环保策略: 扁平化包装, 减少材料的使用

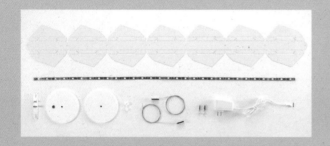

照片: 由经销商提供

田美国仅存的一家女帽厂生产的梦幻蘑菇灯就是使用现有技能和传统制造技术重塑一个产业的例子。作为一款可以放置在桌面和地板上的情感照明灯，梦幻蘑菇灯是理想的夜灯或生活区周边的照明灯。它们温暖的光线和柔软的毛毡灯罩会吸引人们情不自禁地观看和触摸。梦幻蘑菇灯以传统毛毡成型技术和当地经销商为灵感来源，探索毛毡作为漫射光材料的自然美。毛毡合适的材料密度可以软化并引导光线，营造轻松的氛围——从温暖放松，到梦幻有趣。梦幻蘑菇灯的成就除了对地方经济的贡献和对自然资源的利用外，它也定义了可再生和可回收材料在照明产品中作为环保材料的新用途。

梦幻蘑菇灯

设计者：杰米·萨尔姆，罗杰·C.艾伦/MIO

经销商：MIO欧洲有限公司

开发年份：2004年

主体材料：100%羊毛毡和粉末涂层钢

主要环保策略：当地材料和经销商

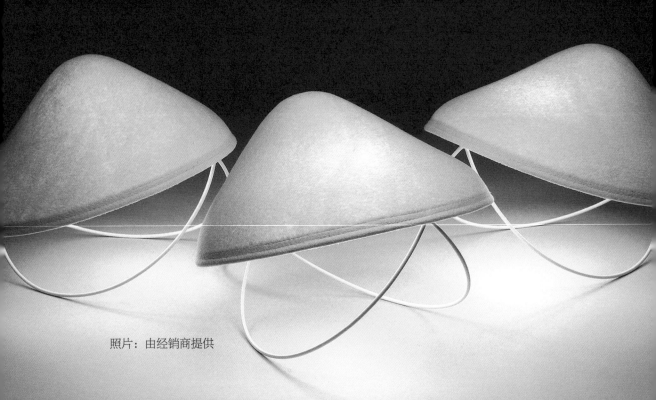

照片：由经销商提供

拉特罗：
藻类能量灯

2010年，来自延世大学和斯坦福大学的几位科学家在藻类细胞的光合作用的主要器官叶绿体中插入了30纳米宽的金电极，由此成功地从藻类的光合作用中获取了微弱的电流。随着纳米技术的进展，越来越多节能产品应运而生，藻类这样的植物将成为极具吸引力的能量来源。拉特罗灯就是这么一款应对未来市场的前瞻性产品。灯具顶部为藻类提供呼吸所需的二氧化碳，同时侧边的喷口释放出水和氧气。如果将灯放置在室外日光下，藻类将利用阳光将二氧化碳和水转化成能量。该能量会储存在电池里以备在之后的夜里发出光亮。

设计者：迈克·汤普森（Mike Thompson）

经销商：设计原型

开发年份：2010年

主体材料：玻璃，LED，电池，藻类

主要环保策略：使用可再生能源

照片：由设计者提供

设计者：迈克·汤普森

"生活像素"系列灯具

　　以回收广告横幅作为这个项目的出发点，设计师将材料切割成小片并组合在一起形成独特的三维空间，创造出有趣的光感和纹理。灯架是从古董店中回收来的，并保留了它们原始的状态。设计师们致力于创造适合每一个不同形状灯架的灯罩，这使得每盏灯在外观上都是独一无二的。每一盏灯都被安装在一个二手的支架上，使整个产品融合了旧器具和新用途，同时保持了创新的观感。凭借在产品设计、包装设计以及生态设计方面的经验，设计师们与SDWorks设计孵化器紧密合作，在不到两周的时间里就创造出了这个令人惊叹的灯具系列。

设计者：陈文基，苏家喜，陈绍华

设计者：陈文基（Chan Wen Ki），苏家喜（Sue Ka Hei），
　　　　　陈绍华（Chen Siu Wa）

经销商：SDWorks设计孵化器，香港理工大学设计学院

开发年份：2010年

主体材料：回收利用的横幅

主要环保策略：回收利用材料

照片：由经销商提供

太阳能树路灯

设计师罗斯·洛夫格罗夫（Ross Lovegrove）设计的这组太阳能树路灯是由太阳能提供能源的模块化城市照明系统。通过与阿特米德公司（Artemide）和夏普太阳能的合作，设计师希望他的作品可以在复杂的自然环境和我们的城市环境的强烈对比之间提供一个对话。太阳能树路灯的设计将自然元素带到了城市环境中的灰暗空间里，提升了人们对未来的憧憬，让所有事物仿佛自然而然地发生变化。它将为街道提供可持续的照明，同时也是向人们正在破坏的大自然表示敬意。

设计者：罗斯·洛夫格罗夫

经销商：阿特米德公司

开发年份：2007年

主体材料：钢，LED灯，太阳能电池

主要环保策略：使用太阳能

照片：由经销商提供

轮辐灯

　　轮辐灯是一道光，为废弃的带扣生锈的自行车车轮注入新的生命力。Ub-Ok设计事务所（Ub-Ok Design）重新使用了这些车轮，通过利用辐条和包含在轮辋的轮毂，创造出有趣和独特的悬垂式照明，来赋予它们第二次生命。再加上从当地工业中回收的丙烯酸立方体，并结合最新的节能灯泡，创造出一种环保产品，在天花板和墙壁上投射出阴影。总的来说，这是一个简单的转变案例，从一个不受欢迎的车轮，到独具特色的吊灯。轮辐灯可以用不同颜色、不同数量来组合创造。Ub-Ok设计事务所目前正在尝试用车轮的剩余部分进行其他概念的设计研究。

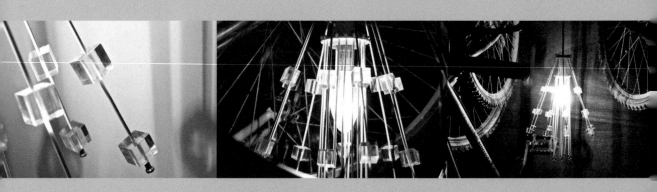

设计者：塞菲卡·萨卡利（Sefika Sakalli），

塞缪尔·弗拉赫蒂（Samuel Flaherty）

经销商：Ub-Ok设计事务所

开发年份：2007年

主体材料：回收的自行车车轮和丙烯酸立方体

主要环保策略：回收利用材料

照片：由经销商提供

设计者：

塞菲卡·萨卡利，

塞缪尔·弗拉赫蒂

空心灯

设计师自己动手创造出了一种能够提高节能灯泡认可度的产品。这款空心灯专门设计用于柔化节能灯泡发出的光。它的设计使它易于回收，而制作它的塑料也可以反复进行回收利用。这种灯的纯白色款式是由100%可回收塑料制成的，就像所有的蓝色果酱工作室（Blue Marmalade Studio）的产品一样，它在英国是零填埋政策的产物。因为它的扁平封装设计，使运输生产过程十分高效，也因为它很小，只需要很小的包装，所以可以大批量运输，减少碳排放。

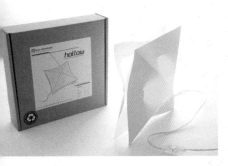

设计者：蓝色果酱工作室

设计者：蓝色果酱工作室

经销商：蓝色果酱有限公司

开发年份：2003年

主体材料：聚丙烯

主要环保策略：可回收材料

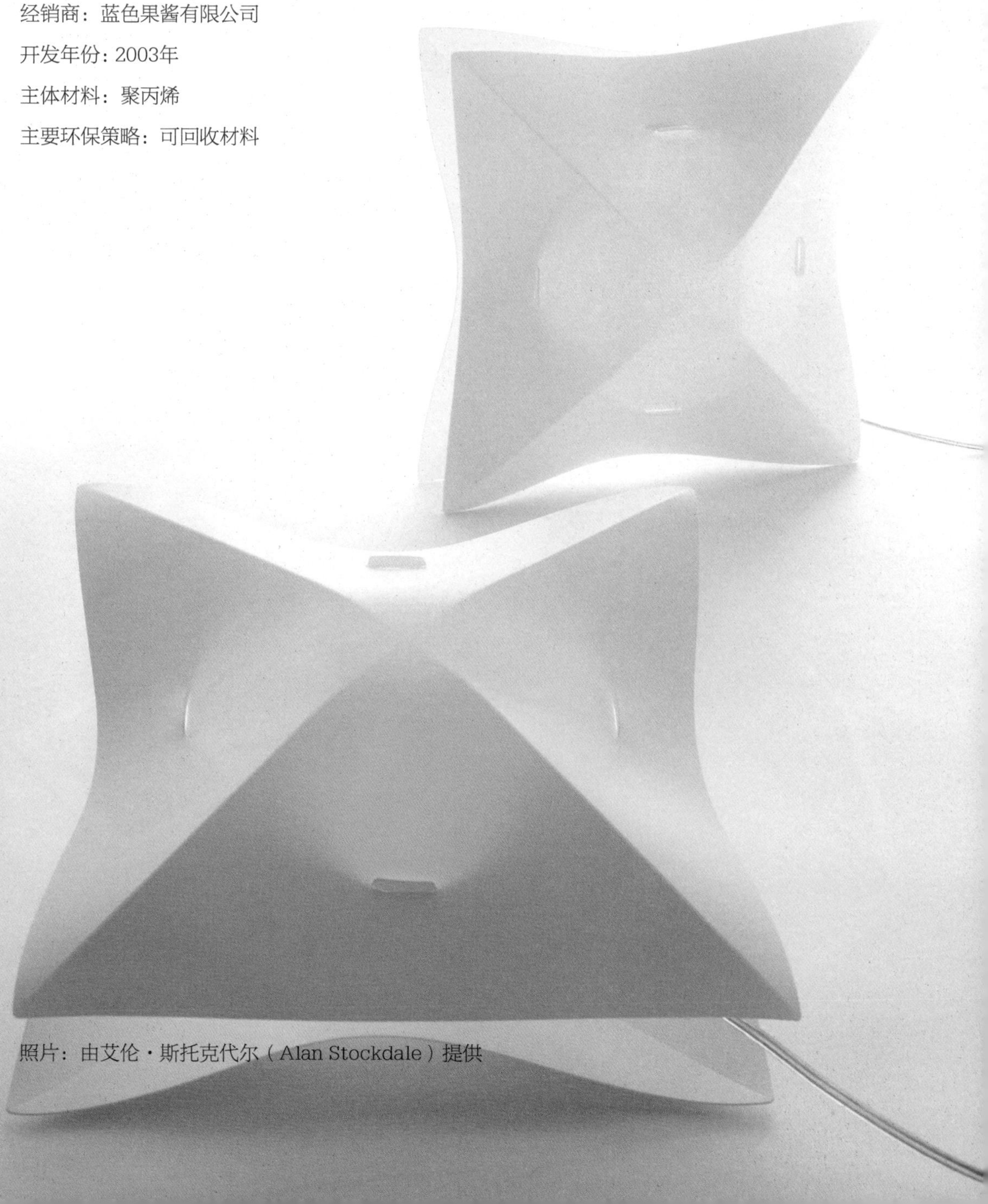

照片：由艾伦·斯托克代尔（Alan Stockdale）提供

这个项目的灵感来自这样一个想法：我们不应该认为地球是圆的，是一个拥有无限资源的永无止境的实体；相反，地球应该被认为是一个资源有限的封闭的盒子。在环球舞蹈节上，太阳立方体被特别设计成一个太阳能花园，向人们宣扬我们不应该把地球和它的资源视为理所当然。这些太阳立方体由太阳能电池板组成，这些电池板可以在夜间为彩色LED照明提供电能，还可以点亮信息显示屏，屏上解释了太阳能生产背后的技术以及如何减少能源消耗。自给自足的太阳能电池板和附近受污染的管道之间的矛盾，在破坏性的能源生产形式和新技术之间形成了对比，这种对比强调了为了减缓地球的破坏，我们必须讯速采取行动。

太阳立方体

设计者：约瑟夫·科里（Joseph Cory）

经销商：单品

开发年份：2010年

主体材料：光伏电池，铝，LED灯

主要环保策略：太阳能的使用

设计者：约瑟夫·科里

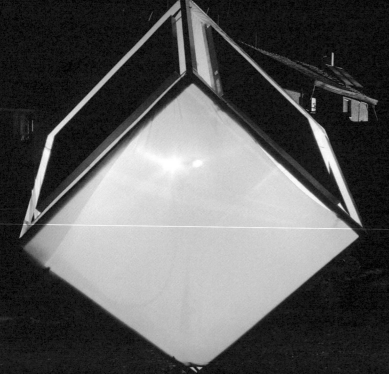

照片：由经销商提供

o-Re-gami
系列灯罩

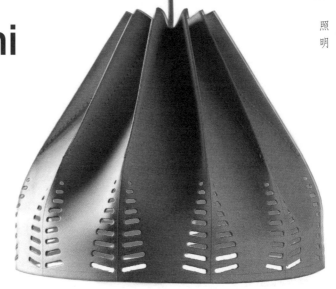

　　这款由玛塔里·卡赛特（Matali Crasset）为Regenesi公司设计的o-Re-gami灯罩，为了减少对环境的影响，故意只使用一种材料，并按照传统方法生产。这盏灯的灵感来自一个简单的信息———一张被折叠的纸，充满想象力，但同时又精确合理，就像折纸艺术一样。最终产品使用再生皮革，不使用任何胶水。该款灯罩由100%回收材料制成，当它不再使用时，也可以进一步回收。灯被分成两部分，上半部分构成物体，下半部分与材料的实心与空心部分配合，让光线通过，创造出更柔和、更轻、更古老的效果。

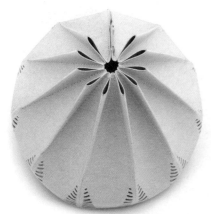

设计者：玛塔里·卡赛特

制造商与经销商：Regenesi公司

开发年份：2010年

主体材料：再生革

主要环保策略：使用传统生产工艺，
　　　　　　　无胶水

设计者：玛塔里·卡赛特

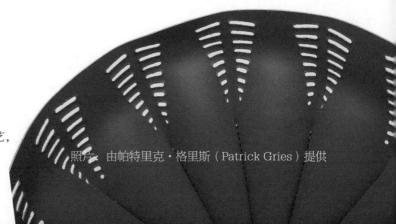

照片：由帕特里克·格里斯（Patrick Gries）提供

云朵柔光灯

　　云朵柔光灯创造了一个起伏的柔和发光形式的顶棚。成群的云团在独特的地形下形成了巨大的云景。中空的栅格聚在一起形成一个起伏的顶棚。每种云景都可以单独塑形，由所有者决定它如何在空中上升或下降。空心云形状的内部由LED灯照亮，使雕刻的三维形体从任何方向观察时都会发出神秘的光线。设计师使用了商品名为特威克的非织造聚酯乙烯材料。该材料是生态设计的一个样本，因为它是100％可回收的，由5％~15％的再生材料制成。其轻巧的纸张外观和抗撕裂、抗紫外线及防水等功能，使其更便于日常维护与打理。

设计者:
斯蒂芬妮·弗赛斯,托德·麦卡伦

设计者: 斯蒂芬妮·弗赛斯 (Stepanie Forsythe),托
　　　　德·麦卡伦(Todd MacAllen)/莫罗公司(Molo)

经销商: 莫罗公司

开发年份: 2010年

主体材料: 特威克无纺白织物

主要环保策略: 100%可回收材料

照片: 由经销商提供

科拉尔与基纳灯罩

科拉尔与基纳灯罩套装均采用1.5mm胶合板制成。它们用推入式尼龙夹子固定在一起，形成一个整体。这两款灯罩都由可持续生长的FSC认证的竹子制成，使用的是环保胶。镂空阴影的设计允许制造商使用最少的材料来达到最佳的效果。两套套件均以扁平包装形式出售给消费者，并以回收的纸箱包装运输，大大降低了运费。竹子是简单的半成品，没有使用喷雾剂或溶剂，保持与自然世界原始而密切的联系。大卫·特鲁布里奇有限公司还试图在可能的情况下使用可再生能源。根据这一原则，这些灯罩的制造过程中使用的能源66％来自可再生电力。其电器部分使用的是意大利本土的，这样可以避免不必要的来回运输产生的能源消耗。

设计者：大卫·特鲁布里奇

制造商与经销商：大卫·特鲁布里奇有限公司

开发年份：2005年（科拉尔），2010年（基纳）

主体材料：竹胶合板，尼龙夹

主要环保策略：可持续发展，经FSC认证的竹材

设计者：大卫·特鲁布里奇

照片：由经销商提供

　　太阳罐采用传统的玻璃罐和高科技节能照明制成。这个太阳罐包含一块太阳能电池板和一个由太阳能供电的可充电电池，充满电后足以在黑暗中发光达五个小时。当罐子放在阳光下，太阳能电池产生可以给蓄电池充足几个小时的电流。这些能量在晚上被用来给罐子里的LED灯供电。其发出的光通过磨砂罐扩散，呈现出太阳的光芒，暖色LED灯也被用来提供更自然的光。太阳罐没有可见的控制装置，罐内的光传感器会在天黑时自动激活灯光。玻璃罐子是密封的，可以适应任何天气状况，它可以是一个完美的花园灯，或者一盏孩子卧室里的小夜灯。

太阳罐

设计者：托比·黄（Tobi Wong）

经销商：吮吸英国（Suck UK）

开发年份：2006年

主体材料：玻璃，太阳能电池，蓄电池，LED灯，
　　　　　印制卡盒/可生物降解的聚苯乙烯

主要环保策略：太阳能的使用

照片：由经销商提供

电路照明雕塑

设计者：西奥·卡梅克

经销商：西奥·卡梅克

开发年份：1984年至今

主体材料：老式电路板，亚克力材料，木材，内部照明

主要环保策略：废物再利用

这些由西奥·卡梅克（Theo Kamecke）创作的电路照明雕塑是用原本会被经销商废弃的电路板制作的。这位艺术家将它们视为早期科技时代的美丽"化石"，多年来将它们从工厂中收集起来作为一种艺术材料。他将它们切割，重新拼合设计，粘贴在亚克力板上。内部的灯光照明则将电路的全部图形效果显现了出来。这款照明雕塑提醒我们，那些工厂生产出来的没有达到预期用途的产品，并不一定是垃圾。凭借着超凡的想象力，平凡事物也可以变成奇妙而美丽的艺术。

设计者：西奥·卡梅克

照片：由经销商提供

火风灯——最初的风灯

火风灯是一款100%风力发电的装饰性户外灯。它的运动螺旋状的光能立即显示出任意时刻风的能量：它吹得越快，火风灯就越亮。柔和的微风转变成一种螺旋上升的微光，而强风则形成一种脉动的光柱。火风灯工作场景不受任何限制，不需要主电源、电池或燃料。它的发电机是一个独特的设计解决方案，由火风公司（Firewinder Company）通过始于2001年的一系列实验研发成功。该产品安装简单，无论风向如何，它都能发挥其作用。在其当前的形式下，火风灯可以作为一款迷人的照明产品，也可以是一款有趣的教育玩具。

设计者：汤姆·劳顿

设计者：汤姆·劳顿（Tom Lawton）

经销商：皮尔斯·哈迪英国有限公司

　　　　（Peers Hardy UK Ltd.）

开发年份：2008年

主体材料：ABS

主要环保策略：风力的使用

照片：由设计者提供

Volivik – Bic Biro系列灯具

　　这一系列灯具由enPieza! 工作室(enPieza! eStudio) 完全使用比克圆珠笔、回形针、铁和电子材料制作而成，非常适合用于办公环境。设计的灵感来自比克圆珠笔本身的形态。在一个经典的枝形吊灯中，这些部件是闪亮、透明的，并且在形状上是比较细长的。比克圆珠笔的形状让设计师联想到那些部件，而这一完美的材料将使枝式吊灯发生革命性变化。这款比克圆珠笔枝形吊灯是一个绿色创新设计的典型案例，设计师通过改变产品的基本用途赋予其新的生命。这家设计公司认为，绿色设计的未来在于设计师从平凡中创造出富有想象力事物的能力，鼓励观察者以一种新的方式看待所有平凡的产品，评估它的其他用途。

设计者: enPieza! 工作室

设计者：卢卡斯・穆奥兹（Lucas Muñoz），

大卫・塔玛姆（David Tamame）/

enPieza! 工作室

经销商：enPieza! 工作室

开发年份：2007年

主体材料：比克圆珠笔，回形针，铁，电子材料

主要环保策略：废弃物再利用

照片：由经销商提供

"隐形"灯

　　这款"隐形"灯带有一个让主人可以选择
灯泡的颜色的换色装置。这并不仅仅意味着你可
以选择适合室内的颜色，也意味着你如果想要改
变房间的氛围，只须更改设置，而无须购买新的
灯具。这延长了灯的使用寿命，使其能够适应新
的设计趋势、墙壁颜色和配色方案。而且隐形灯
由100％回收利用的塑料制成，在生产过程中没
有产生需要被送到垃圾填埋场的废物。该设计确
保了它在使用寿命结束后仍可完全回收，并且它
是在英国本地制造的。而灯也被特意设计成只能
使用节能灯泡。

设计者：蓝色果酱工作室

设计者：蓝色果酱工作室

经销商：蓝色果酱有限公司

开发年份：2005年

主体材料：回收的聚丙烯

主要环保策略：可回收利用，减少浪费

照片：由马格纳斯·比约克（Magnus Bjerk）提供

公共产品

　　本章致力于介绍公共空间的绿色设计，并展示了街道设施或立面如何为更好的环境做出贡献的例子。这一章会特别关注交通工具——如自行车、摩托车或汽车等。无数设计师将注意力集中在开发环保生态的交通工具上。自行车的设计已经简化为最基本的设计，使它们更轻，并且通常是可折叠的形式。这些设计正变得越来越广泛，使得更多人使用它们。带电动马达的自行车和踏板车也开始面向更广阔的市场。它们虽然比传统的踏板自行车消耗了更多的能量，但相较于使用汽油的交通工具，要"绿色环保"得多。

　　显然，当涉及电动交通工具时，不同版本产品的运输效率存在一些差异。更紧凑的设计——在交通拥挤的市中心，无论是在静止还是移动的交通状况中——都是一个重要的"绿色环保"因素。更多的时候，就像本册中包含的其他产品一样，设计师们关注的是所

用资源是否可再生，材料是否环保或可回收。这也同样适用于汽车制造业，因为其一直希望在任何情境下都可以将电动机的能效发挥到极致，而短途旅行造成的不成比例的高污染率是设计师们主要关心的问题。

　　电动汽车应该是时髦、简约且十分现代的，这样才能吸引多元化和开放的消费者群体接受并使用它，这个群体是目前最大的为创新所吸引的群体，也是电动汽车的试验者和初期使用者。本册没有收录来自知名经销商的现有车型，这些经销商每半年就能或必须推出一款解决环境影响问题的新产品。汽车的生态正确性已经成为一个重要的成功因素和一个有影响力的广告口号，但目前这方面的进步还很小，很大程度上是因为决定因素是更新而不是革新。你相信吗，在那些广告页面中展示的最节能的电动车，可能是这本书所有产品中最传统古老的。

T2O

　　由弗里奇设计协会（Fritsch Associés）发起的T2O项目提供了另一种顺畅的出行方式。T2O是弗里奇设计协会组织的一个研究项目的一部分，该项目考虑了行为进化、变革和可持续发展的主题。T2O是自行车和摩托车的混合体。产品结构完全由竹子制成，证明天然纤维可以在让人意想不到的地方发挥作用。竹纤维的坚固耐用使其成为创造这种产品的理想环保材料。由电动机提供动力，用户可以像摩托车一样提升速度。其能以大约每小时35千米的速度行驶40千米。

设计者：弗里奇设计协会

设计者：弗里奇设计协会

经销商：设计原型

开发年份：2009年

主体材料：竹，软木，钢，铝，橡胶

主要环保策略：天然可持续材料

照片：由弗里奇设计协会提供

易客自行车

易客自行车是世界上体积最小、重量最轻的电动折叠自行车，重量仅为10公斤。虽然经典的自行车设计样式基本相同，但即使是在120年后，独特的易客自行车设计的重量和体积仍是任何50厘米车轮自行车的一半和三分之一。这种显著的改进意味着它可以轻松地与公共汽车、火车和小汽车等城市交通工具相结合，以最大限度地减少交通对环境的影响。直立的骑乘位置为骑手和城市通勤者在行驶过程中提供了良好的可视性，并且它是第一款包含防滑刹车、内置指示灯、指示器和一个功率为1千瓦的电动机的自行车。易客自行车是电动的，所以不会造成与汽车和其他交通方式类似的污染问题。

设计者：格兰特·莱恩

设计者：格兰特·莱恩（Grant Ryan）

经销商：易客自行车有限公司（YikeBike Ltd.）

开发年份：2010年

主体材料：碳纤维

主要环保策略：替代性交通工具

照片：由经销商提供

光合作用汽车

　　这个项目是本着日益流行的生物技术研究的精神而设计的。生物技术研究检测生命有机体的特性，并将这些发现应用于新技术的发展。这个项目研究了植物光合作用作为一种新能源应用的可行性。研究人员认为，模拟光合作用的部分过程可能是获得无限清洁能源的途径。这款光合作用动力概念车的逻辑是从传统的温室概念发展而来的。因此，放置植物的车辆上部是由玻璃制成的。由于光合作用使用的是二氧化碳，因此这种交通工具的应用在大城市中将会特别有价值。再加上光合作用释放的是氧气，理论上，这些概念车可以作为小型空气净化器，为乘客提供即时使用的能源。它是一个能源自给自足的系统，非常有利于城市生活环境。

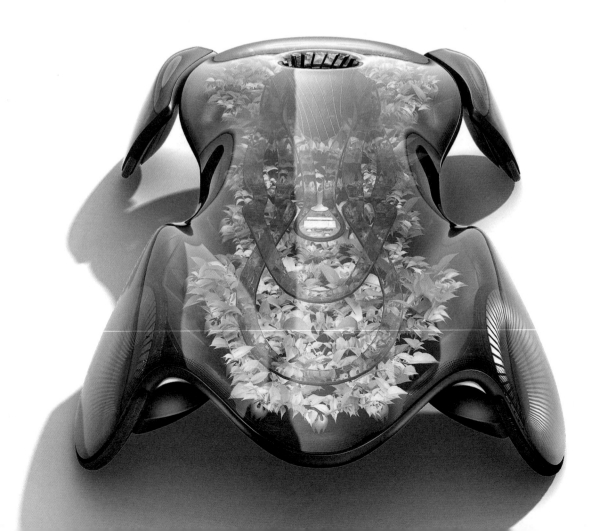

设计者：米哈尔·弗尔切克，皮亚诺

设计者：米哈尔·弗尔切克（Michal Vlcek），皮亚诺（Piano）

经销商：设计原型

开发年份：2009年

主体材料：草，玻璃纤维，玻璃

主要环保策略：替代能源

照片：由经销商提供

滚子电源机架装配体

滚子电源机架装配体是一个30瓦的个人能量收集系统，可在高容量快速充电电池组中存储无碳能源。设计者为鼓励户外骑行，使密封的发电机可以远程连接和脱离与后轮的接触。机架系统中使用的可回收材料能够承受设计的要求，并且在其寿命结束时对环境产生最小的影响。除了为高可见度自行车照明提供电源外，当将BOS电池组从滚子电源机架装配体上拆下时，它仍可以独立工作，为用户最新的个人移动设备充电。电池组的使用寿命相当于能为多达15000个一次性ＡＡ电池提供能量，从而极大地减少垃圾填埋场的废弃物。

设计者：高潮实验室

设计者：高潮实验室（High Tide Labs）

经销商：高潮设计协会（High Tide Associates）

开发年份：2010年

主体材料：竹，铝，ABS，冷轧钢，铜

主要环保策略：替代能源

照片：由经销商提供

疾行电动车

　　上下班的交通需要对我们的日常生活和环境产生着很大的影响。越来越多的人每天上班长途跋涉，这造成了交通繁忙以及严重的空气与噪声污染。疾行电动车提供了一种"绿色"的汽车出行替代品。结合电池技术和性能的最新进展，疾行电动车为您的日常出行需求提供了一个清洁、安静的解决方案，其通过一个安全可靠的方法去避免交通堵塞和城市拥挤。只要50美分（约合人民币3.5元），它就可以行驶40千米，而且由于它使用电力，锂电池是可拆卸的，只需要充电6个小时就可以全载工作。这款电动车是专为那些想要一款在各个层面上都能提供时尚和简约的产品的人群设计的。

设计者：罗兰·伯德（Roland Bird），格雷厄姆·辛德（Graham Hinde），

　　　　罗杰·斯韦尔斯（Roger Swales）/ GRO设计事务所（GRO Design）

经销商：设计原型

开发年份：1995年

主体材料：模压玻璃，增强塑料，合金铬框架，皮革

主要环保策略：替代燃料

设计者：GRO设计事务所

照片：由GRO设计事务所和ZERO40工作室提供

"红隼"电动汽车

"红隼"是一款为多人出行设计的电动汽车，在四人运载的基础上保证了出行的舒适性。"红隼"想要被赋予一种高效的形态，因此最重要的是通过极少的活动件来实现一种简单、易于制造的设计。"红隼"的车身由天然纤维材料制成，并在加拿大的阿尔伯塔当地生产和制造。天然纤维材料可作为其他复合纤维的替代品，同时又不失后者的固有强度和耐腐蚀性。由于天然纤维是一种天然合成材料，因此用天然纤维制造汽车是一个比用传统复合材料制造汽车更节能的过程。又由于汽车是电力而不是燃料驱动的，所以它不污染空气，而且更加便宜。

设计者：达伦·麦凯

设计者：动力工业设计（Design Motive Industries）

副总裁达伦·麦凯（Darren McKeage）

经销商：EVE项目（Project EVE）

开发年份：2010年

主体材料：生物复合材料，大麻纤维

主要环保策略：替代化石燃料

照片：由经销商提供

"生态//07"自行车

　　"生态//07"是一种紧凑型城市自行车，是一种几乎没有任何能耗的绿色交通工具。该设计建议由生物塑料制成自行车，因其相比于传统塑料，对环境的破坏性要小得多。"生态//07"有一个创新的车轮折叠系统和一个双三角形框架结构系统，其设计旨在最大限度地提升实用性和功能性，同时具有易于使用的机制，能允许将物体折叠运输并存放在小型空间里。一旦产品被折叠起来，它只占用与小盒子一般大小的空间，这样就可以允许用户在任何旅行中骑上自行车了。自行车的所有部件都是标准化、可更换、易于修理的，这可以最大限度地延长产品的使用寿命。

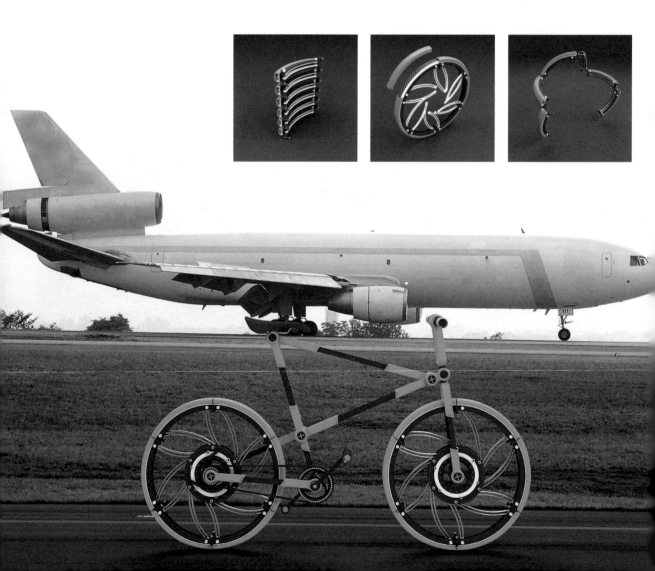

设计者：维克多·M.阿莱曼

经销商：维克多·M.阿莱曼工作室

开发年份：2009年

主体材料：不锈钢框架，生物塑料

主要环保策略：方便运输，替代性交通工具

设计者：
维克多·M.阿莱曼

照片：由经销商提供

城市自行车

　　该产品并不是创新自行车设计，而是要生产一种简单、绿色、更贴心且经久耐用的产品，其并不是单纯作为一种产品来满足大众市场。从本质上剖析一种产品，其核心是贴近自然的绿色产品：更少的组成部分，更少的加工制造，货架上更少的零部件。城市自行车是由几种不同的金属和橡胶制成的，每种金属和橡胶都可以回收利用。这款自行车设计简单，零部件可以很容易地拆卸下来，在使用寿命结束后也可以很轻易地进行回收再利用。这款设计旨在生产一种经久不衰的产品，且将会在一段时间后风行起来。这款自行车非常简单，不需要维护，使用过程中也不会接触到暴露的油脂化学物质。

设计者：乔伊·瑞特（Joey Ruiter）/

jruiter+工作室

经销商：城市自行车公司

（Inner City Bikes）

开发年份：2010年

主体材料：可回收材料，再生材料，

金属和橡胶

主要环保策略：极简设计，易于拆卸

设计者：乔伊·瑞特

"普罗素耳 370e" 瓷砖

　　"普罗素耳 370c"是一种装饰性建筑瓷砖，当安装在交通道路附近或建筑立面上时，可减少城市空气污染。作为对现有建筑表面的改良，"普罗素耳 370e"对建筑进行"调整"，以更好地改善其周围的环境。瓷砖表面涂有超细的二氧化钛，这是一种由中等水平的天然紫外线激活的抗污染技术。创新的几何结构优化了光活性表面，使其暴露在日光和污染下时，能最大限度地中和氮或硫的氧化物以及挥发性有机化合物，同时对毒素和其他空气污染物的产生起到重要的抑制作用。通过针对这些物质，普罗素耳 370e可以有效地减少附近空气污染对健康和经济的不利影响。

设计者：艾莉森·德林（Allison Dring），丹尼尔·施瓦格（Daniel Schwaag），

雅致装饰（Elegant Embellishments）

经销商：雅致装饰有限公司

开发年份：2009年

主体材料：新型或再生的自动聚合物，光催化二氧化钛

主要环保策略：中和氧化物及毒素

照片：由经销商提供

B2O自行车

由弗里奇设计协会设计生产的B2O自行车十分简约且环保。它的框架和车叉子完全由竹纤维制成，这凸显出了这种天然材料的生长迅速且韧性强的特点。竹子是一种可持续材料，能以每天4英尺（约合1.22米）的速度生长。快速生长和扩张的能力，加上不需要杀虫剂和只需少量的水的特点，使竹子成为环保型产品的理想材料。安装配件与饰面也完全由环保产品制成。倒车刹车和八档轮毂换挡，进一步增强了整体简约的设计特性。

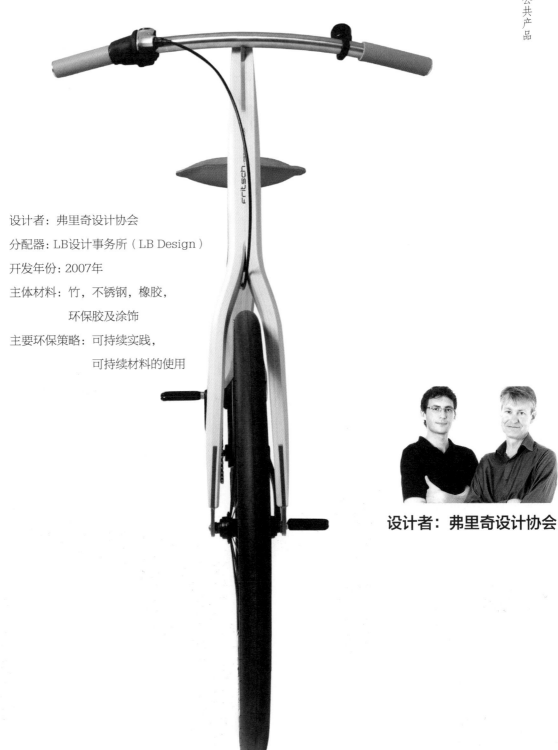

设计者：弗里奇设计协会

分配器：LB设计事务所（LB Design）

开发年份：2007年

主体材料：竹，不锈钢，橡胶，
　　　　　环保胶及涂饰

主要环保策略：可持续实践，
　　　　　　可持续材料的使用

设计者：弗里奇设计协会

照片：由玛丽·弗洛雷斯（Marie Flores）（巴黎）提供

这张桌子由设计师巴特·巴卡恩（Bart Baccarne）设计，适用于户外花园或露台。该产品完全由可回收塑料制成。其表面由回收的家用聚乙烯、食品容器和生产废料制作而成，试图通过各种纹理和图案的展示，来表达回收材料的多功能性。其框架所用材料是聚丙烯和聚乙烯的混合物，来自板材、工业废料和工厂废料。这种材料不会生锈或腐烂，并且使用寿命很长。桌子台面具有大理石的外观（不需要伪装），坚固耐用，易清洗且防水。

户外桌

设计者：巴特·巴卡恩

经销商：巴卡恩设计事务所（Baccarne Design）

开发年份：2005年

主体材料：可回收塑料

主要环保策略：使用可回收材料

设计者：巴特·巴卡恩

照片：由经销商提供

"谢谢"
垃圾篓

　　设计"谢谢"（Arigato）垃圾篓的主要理念是创造一种既美观又深受城市居民喜爱的城市元素。"谢谢"垃圾篓的形状略微弯曲，弯曲的方向刚好指向行人，似乎是在请求人们使用它。这个特点与它的日文名相得益彰，意思是"谢谢"，同时它象征着万物有灵，一切事物都是一种内在的精神，而它就是善良和感激的。"谢谢"垃圾篓表面由再生混凝土制成，这使得它不同于城市家具冰冷和理性的外观特征，有种不完美的魅力以及独特的染色纹理。马塔公司（MATA）在"谢谢"垃圾篓生产中使用的材料叫做HAR，即再生建筑混凝土。选择这种材料是因为它符合公司对生态和可持续发展的承诺。

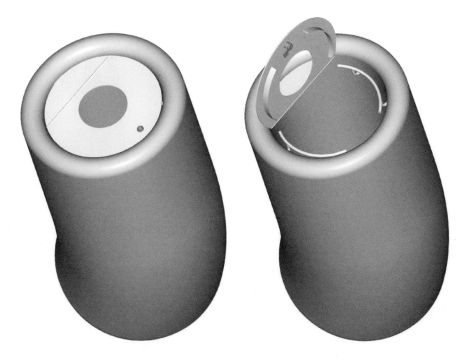

设计者：díez+díez设计事务所（díez+díez diseño）

经销商：马塔公司

开发年份：2010年

主体材料：再生混凝土

主要环保策略：使用回收材料

照片：由经销商提供

设计者：
díez+díez设计事务所

哥本哈根车轮

哥本哈根车轮获得了意大利环境部的赞助，它改善了自行车骑行者的体验，是可持续城市交通的新标志。智能、灵敏、优雅，它能迅速将现有自行车转变为具有再生和实时传感功能的混合动力自行车。它圆滑的轮毂内不仅包含一个电机、一组电池和一个内部齿轮系统，这可以帮助人们克服丘陵地形和长距离行程的困难，还包括为与自行车关联的移动应用程序提供环境和位数据的传感器。这些应用程序将有助于城市做出更明智的环境和交通政策方面的决策。

设计者：
麻省理工学院感性城市实验室

设计者：麻省理工学院感性城市实验室
　　　　（SENSEable City Lab，MIT），
　　　　达卡蒂能源公司（Ducati Energia）

经销商：设计原型

开发年份：2009年

主体材料：铝

主要环保策略：产生电能

由设计者提供

城市EL汽车

　　单座的城市EL的设计目的是创造一种可用于日常生活且对环境友好的汽车。对于日常的短途出行，如开车上班、每周购物或开车去火车站，使用汽车是昂贵且不切实际的，并会导致不必要的污染。在短途出行过程中，如果发动机是冷却状态，通常汽车会比长途行驶产生更多污染，而城市EL的目标正是解决这个问题，所以它是由电力驱动的，并且设计成以较低的成本来替代日常使用的汽车的角色。城市EL是专为单人设计的，它价格实惠，也将成为理想的快递工作者或通勤族的车辆。这辆车的最高时速为63千米，每充电一次，就能行驶120千米。

设计者：雷·英尼斯（Ray Innes）

经销商：微笑股份有限公司（Smiles AG）

开发年份：1988年

主体材料：热塑性聚合物，每100千米5千瓦时的耗电量

主要环保策略：使用可再生能源

照片：由经销商提供

工 作

　　在私营部门，绿色产品的使用取决于两个主要因素：经济效率和声誉。正因为如此，如果在这一领域的绿色产品物超所值或享有盛誉，那么其会有特别好的成功机会。因此，可以在办公室使用的节能环保产品拥有很大的市场前景。

　　通常情况下，让绿色产品具有经济优势往往是立法层面上的问题。如，非绿色环保的产品可能会受到生产实践产生的成本阻碍，或者再生塑料可以得到政府补贴，而在某种程度上，那些不含再生成分的新塑料将承担额外的税收和成本。

　　然而，与这些政府控制机制一起发挥效用的是产品组件本身，它可以为产品带来经济上的优势：有效组成，产品耐用性，或者在需要时具有较短寿命的产品，以及简单的回收选项。同时减少能源消耗也是设计者可以为设计对象带来的优势属性。

　　它甚至可以是一些简单的事情，比如工程师和设计师与可用的技术设备紧密合作。两者都致力于为新产品带来最新的技术创新，从而跟上新研究的步伐。

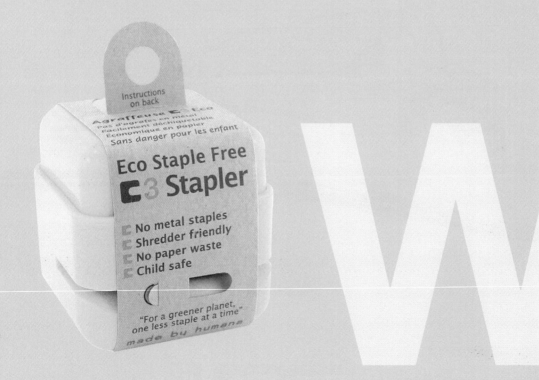

强烈依赖于当前研究成果的产品在这里将作为即将很快过时的案例。由太阳能来支持办公技术的想法，在以前是非常边缘的概念，但现在在新的玻璃办公大楼中，这种想法已经成为现实。

在工作场所中更注重美学与造型的产品也同样可以适用于私人生活，"家居"和"照明"章节中的许多产品也可以被纳入"工作"章节中。在这里，产品的特性是由行业或个人的需求或愿望所决定的。

在某些情况下，产品的短期功能性也可以被视为一种优势——其产品的组成成分可以全部进行回收。当然，在其他情况下，产品质量的好坏还是取决于材料的耐久性。

永恒的花园

　　这一设计源于设计师希望通过使用新的能源来保护地球。时钟的主体由两个再生塑料制成的主要部件连接在一起。这两个部件在形状上类似于传统的植物盆，并且预留有空间可以种植你最喜欢的香草或青草。泥土和金属之间的化学反应成为这个时钟的电源，因而不再需要电力或电池。这个时钟由电极和潮湿土壤中的细菌之间的反应提供动力。种植用的泥土与金属端子发生化学反应，产生微小的电流，这个小电流就用来驱动一个小的时钟和显示器。

设计者：
弗朗切斯科·卡斯蒂格里昂·莫雷利，
托马索·塞奇

设计者：弗朗切斯科·卡斯蒂格里昂·莫雷利（Francesco Castiglione Morelli），
托马索·塞奇（Tommaso Ceschi）

经销商：设计原型

开发年份：2009年

主体材料：再生塑料

主要环保策略：替代能源

照片：由设计者提供

储能夹

　　这个储能夹是由电线插头产生的电磁场进行充电的，它的显示屏显示它所连接的每个设备需要的电量。当设备待机时，该储能夹会显示出其所耗费的电量，并鼓励设备所有者将其彻底关闭。设计者认为，这个装置会诱使人们关掉不用的设备，因为节能器会清楚地显示出有多少能量和金钱被浪费了，把以前看不见的、抽象的东西变成可见的数字。其想法是，当你看到能量被浪费时，你就会主动关闭电器；就像你看到水龙头在滴水、浪费水时一样，你也会主动把它关掉。

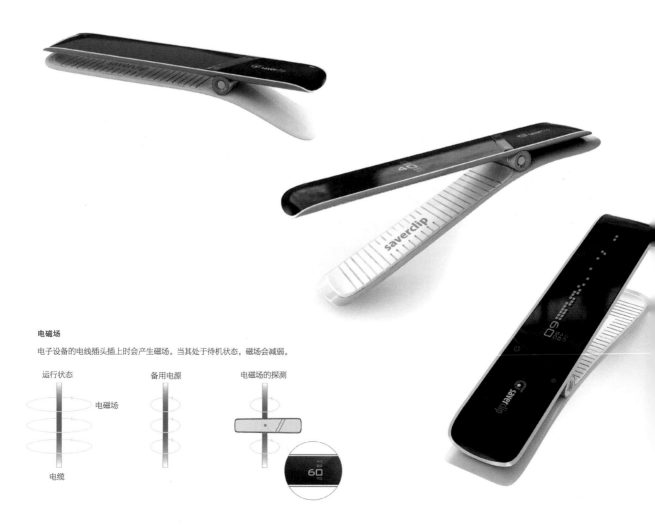

电磁场

电子设备的电线插头插上时会产生磁场。当其处于待机状态，磁场会减弱。

运行状态　　　　　　备用电源　　　　　电磁场的探测

电磁场

电缆

设计者：王宗浩（Tsunho Wang）、王寅苏（Insu Wang）/Luf设计事务所（Luf Design）

经销商：设计原型

开发年份：2007年

主体材料：生物塑料

主要环保策略：监控能源使用情况

设计者：王寅苏

照片：由经销商提供

"一年一次"项目

　　"一年一次"项目着眼于重新利用"年度垃圾"，并为其提供新的生命和全新的功能。这个项目关注的是那些一年只使用一次的东西，如一棵旧的圣诞树或过时的黄页。在这个项目里，圣诞树被漆成黄色，重新设计成了衣架；黄页被简单地卷起并用金属带固定在适当的位置，成为一款简单而时尚的名片夹。设计师阿芙罗蒂·克拉萨（Afroditi Krassain）的目标是让人们以一种新的方式来认识那些被我们视为"垃圾"的东西，鼓励人们考虑垃圾物品的替代用途，而不是在不假思索的情况下把它们扔掉。

一年一次
394黄页
394

**设计者：阿芙罗蒂·克拉萨，
奥斯卡·勒米特**

设计者：阿芙罗蒂·克拉萨，奥斯卡·勒米特
　　（Oscar Lhermitte）

经销商：无，自己手动完成
　　（N/A, do it yourself-manual）

开发年份：2008年

主体材料：水泥，圣诞树，钢材，黄页目录

主要环保策略：回收材料

一年一次
不仅仅为了圣诞节

照片：由迪安·辛普森（Dian Simpson）提供

纸板办公室

　　基于一些低技术含量的材料，这种室内设计提供了一个功能和灵活兼具，可以在很短的时间内搭建起来的空间。平面隔断与蜂巢纸板相结合，在坚固的石墙和脆弱的纸板之间形成对比，给办公室带来独特的精神意象。该空间整体设计都是用蜂窝纸板完成的，所有的东西都采用胶水和胶带黏合起来的折叠系统进行安装，没有添加额外的结构。重量轻、抗压和易于切割，使纸板成为一种完美的材料，建设一切只需要7天。这种设计也提供了一种传统办公空间常用的非生物降解金属和塑料结构的替代方案。如果需要，纸板可以随时更换或重新组装，而且在该产品使用寿命结束时，纸板还可以回收再利用。

设计者：保罗·库达米（Paul Coudamy）

经销商：独特设计事务所（Unique Design）

开发年份：2009年

主体材料：蜂窝纸板

主要环保策略：使用可回收材料，减少浪费

设计者：保罗·库达米

照片：由本杰明·博卡斯（Benjamin Boccas）提供

　　LG公司的GD510 Pop，一款太阳能供能的手机，每接受阳光照射11分钟便可以提供3分钟的通话时间。这款手机有一个触摸屏，可以通过太阳能电池板充电，而无须使用连接线。集成的生态计算器显示了手机为下一次通话剩余的电量以及何时必须给手机充电。如果没有足够的阳光，手机依然可以正常充电，但是它的太阳能电池板使它成为旅途中人们的理想伴侣。在阳光明媚的日子里，手机完全可以依靠太阳能，而不需要连接电路充电。手机使用太阳能电池板充电的时间长短取决于太阳光的强度。有环保意识的手机用户可以使用集成的生态计算器来获知他们的手机通话时长。

LG GD510 Pop手机

设计者：LG集团设计研发中心（LG Corporate Design Center）

经销商：LG电子（LG Electronics）

开发年份：2010年

主体材料：太阳能电池

主要环保策略：太阳能的使用

照片：由经销商提供

生态无钉订书机

　　"人类制造"是一家由在当代礼品、家居和办公用品、文具和促销产品领域屡次获奖的设计师和经销商组成的公司。这款环保无钉订书机的设计将环境因素考虑其中，并革命性地改变了将纸张固定在一起的方式。它巧妙地剪切下纸中的一小部分，用它可以最多"缝合"四页纸张。每年都有数十亿枚金属订书钉在大肆排放污染的工厂里被制造出来，同时大部分的订书钉都会被当作垃圾填埋掉，对环境造成进一步的危害。如果英国的每一个办公人员每天只节省一枚订书钉，我们每年就将节省72吨金属。"人类制造"公司正在为一个更绿色的星球而努力……一次只要少用一枚订书钉！

设计者：卡梅伦·斯奈加

设计者：卡梅伦·斯奈加（Cameron Snelgar）/
　　　　"人类制造"公司（Made By Humans），
　　　　告知设计事务所（Inform Designs）

经销商："人类制造"公司

开发年份：2009年

主体材料：ABS

主要环保策略：用纸张连接代替金属钉

照片：由经销商提供

"纤维素"空间

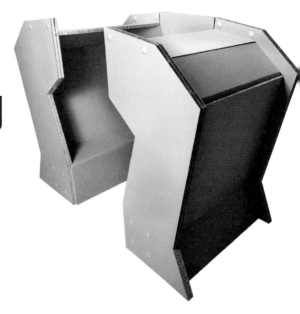

这款名为"纤维素"的设计产品介于家具与房间之间，它是为个人或小组工作而设计的。"纤维素"是一个240cm×125cm的蜂窝纸板空间，非常便于搭建，在无需工具的情况下只要20分钟便可以组装完成。它的结构可以

隔离视觉干扰，并提供一个宁静的区域。"纤维素"是传统会议室的创新性和娱乐性的替代品。纸板同时具有难以置信的材料经济性，因为其独特的蜂窝结构，所以它90％的部分都是空气。其使用了30％的再生材料，且一旦超过使用年限就可以全部回收。此外，它是在法国本地生产的，这降低了它的生态印制（价格），因为它不需要运输很远的距离。

设计者：保罗·库达米

设计者：保罗·库达米（Paul Coudamy）

经销商：Fabernovel公司

开发年份：2009年

主体材料：蜂窝纸板

主要环保策略：使用可回收材料，易于拆卸

照片：由本杰明·博卡斯（Benjamin Boccas）提供

桌面办公套装

　　Regenesi公司设计、制造和销售的产品，全是由回收的材料制成的原创设计产品，包括一次性咖啡杯或废弃冰箱的模塑内衬。该公司的产品范围包括从家居用品到时尚配饰的一切事物。这款产品——桌面办公套装——的设计也充分考虑到了生态可持续性。作为设计师，朱利奥·亚切蒂（Giulio Iacchetti）设想了一个商品生产与可持续发展紧密相连的世界。从简单的物品开始，比如笔架或书桌托盘，充满想象的创意被添加到每一个平凡的空间。桌面办公套装由100%再生和可回收塑料制成，每个产品的碳排放量比同一类型却由原始材料制成的产品少40%。

设计者：朱利奥·亚切蒂

设计者：朱利奥·亚切蒂

制造商与经销商：Regenesi公司

开发年份：2010年

主体材料：再生且可回收塑料

主要环保策略：可持续实践，循环利用材料

照片：由经销商提供

软墙+软块的模块化系统

软墙+软块的模块化系统是一个灵活的独立分区系统，可以在较大的开放区域内自由扩展和收缩以形成更私密的空间。软墙+软块的蜂窝结构由无纺布聚乙烯材料制成，商标为特威克，100%可回收，5%~15%的部分由再生材料制成。该织物具有优良的抗撕裂性、防紫外线和防水性，因此经久耐用且便于打理。牛皮纸是一种未漂白的纸，由50%再生纤维和50%新的长纤维制成。新的长纤维保证了强度，提升了再生纤维的强度，使牛皮纸成为结实坚硬的纸张。这种材料还起到了隔音的作用，而半透明或不透明的版本则可以重塑空间的光线。软墙+软块以其优雅的创新而闻名，现已被纽约现代艺术博物馆永久收藏。

设计者：斯蒂芬妮·弗赛斯，托德·麦卡伦/莫罗
公司

经销商：莫罗公司

开发年份：2009年

主体材料：特威克无纺布白色纺织品，天然牛皮纸

主要环保策略：100%可回收

**设计者：斯蒂芬妮·弗赛斯，
托德·麦卡伦**

照片：由经销商提供

CoolCorC Czarf是一款灵活耐用且可重复利用的杯套，它由作为隔热材料的胶凝软木制成，并使用软木贴皮，具有奢华的感觉和耐用性。软木是一种可持续的材料，它是软木橡树的树皮，通过从树上剥离而获得。七至九年后，树皮又会长起来，可以准备进行又一轮采收。这种周期性的采收通过保护濒危动物、吸收温室气体和支持当地村庄的农民等方式，有助于保护软木森林的多样生态系统。值得注意的是，如果一个人一年内把他每天用的咖啡杯套换成Czarf，就可以减少4.35千克的废弃纸杯套被扔进垃圾填埋场，甚至可能根本就无须被生产出来。

CoolCorC Czarf杯套

设计者：CoolCorC公司

经销商：CoolCorC公司

开发年份：2009年

主体材料：软木贴皮，胶凝软木

主要环保策略：可持续材料的使用

设计者：CoolCorC公司

照片：由经销商提供

圣米伦橡皮擦椅

　　这把由enPieza!工作室设计制作的椅子，主要由橡皮擦、铁和卡拉博木制成。设计灵感来自橡皮擦本身，因为它们柔软防水，正是座椅表面所需要的特性。设计师们用橡皮擦把人们的注意力吸引到一种普通的工业材料上。橡皮擦是大规模生产的产品的一个典型案例，使用对环境友好的生产工艺，最终目的也是为大众制造物美价廉的物品。这个产品的绿色环保本质在于利用工业化生产过程的优势，将通常用于其他功能的批量产品改造成另一个产品。这个改变过程给那些价值较低的东西以一个更高的价值，也给那些原本只有较短使用寿命的产品一个更长的生命周期。

设计者：enPieza!工作室

设计者：卢卡斯·芒奥兹（Lucas Munñoz），
大卫·塔玛姆（David Tamame）/
enPieza!工作室

开发年份：2007年

主体材料：铁，卡拉博木，橡皮擦

主要环保策略：废弃物再利用

照片：由经销商提供

鲸鱼尾桌和肾形桌

　　这两款家具都是由设计师约翰·维格斯（John Wiggers）设计的。肾形桌和鲸鱼尾桌都是手工制作的家具的例子，它们基于设计师对环境保护的热情与精神启发。约翰·维格斯主要使用FSC认证的木材、非UF（脲醛树脂）胶水及低VOC（挥发性有机化合物）饰面来生产制造他的家具。并且肾形桌的设计还根据风水的原理进行了比例分配，维格斯认为类肾的形状作为书桌最为合适。维格斯长期以来一直是健康森林的支持者，并参与了很多FSC不同层面的事务，包括加拿大FSC董事会主席和财务主管。这种对责任的承诺，加上他个人与工作的联系，使得他的设计方式具有多样化、整体性的特点，也赋予了他的家具以独特的美学。

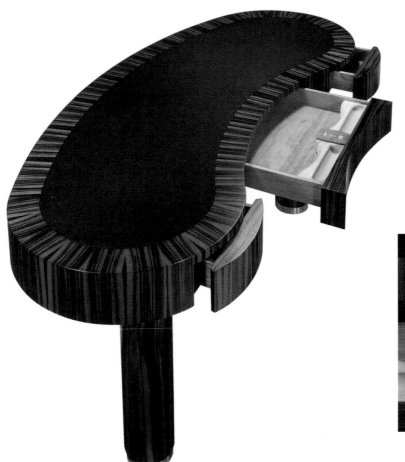

设计者：约翰·维格斯

经销商：维格斯定制家具有限公司

　　　　（Wiggers Custom Furniture Ltd.）

开发年份：2002年（鲸鱼尾桌），

　　　　　2003年（肾形桌）

主体材料：马卡沙乌木

主要环保策略：FSC认证木材

照片：由经销商提供

设计者：约翰·维格斯

Esprimo E与P零瓦特系列电脑

富士通认为，在节能方面，必须制定雄心勃勃的目标，因为环境不会接受妥协。零瓦特个人电脑在关机模式下不会消耗任何电源，但在预先配置的时间段内仍可进行管理，并可以在正常工作时间之外接收软件更新。这消除了浪费在办公室的能源和金钱，同时也保护了环境。它还配备了额外的节能功能，使富士通电脑成为世界上最节能的电脑之一。

设计者：富士通集团设计研发中心（Fujitsu Corporate Design Center）

经销商：富士通集团（Fujitsu）

开发年份：2010年

主体材料：塑料，金属

主要环保策略：非常节能

照片：由经销商提供

Designers' Index
设计者索引

绿色设计（一）

www.waresdesign.com ▶ P80

Natalie Weinmann 娜塔莉 · 温曼 ▶ P56

Bridget West 布丽奇特 · 韦斯特
www.piecesofyou.co.uk ▶ P92

Doreen Westphal 多琳 · 威斯特法尔
www.doreenwestphal.com ▶ P86

Simon White 西蒙 · 怀特
www.simonwhitedesign.co.uk ▶ P60

John Wiggers 约翰 · 维格斯
www.wiggersfurniture.blogspot.com ▶ P218

Franziska Wodicka 弗朗齐斯卡 · 沃迪卡
www.schubladen.de ▶ P100

Tobi Wong 托比 · 黄 ▶ P162

Shuangshaung Wu 吴双双
www.shuangshuangwu.com ▶ P52

Miton 米图 ▶ P130

GREEN DESIGN II

绿色设计

［德］多里安·卢卡斯（Dorian Lucas） 著

王文波 阮洁琼 译

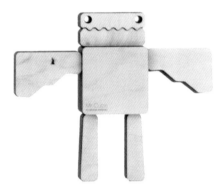

目 录

能源

ENE

对能源的需求是本书的核心问题之一。不仅仅因为获得能源是文明基础的一部分，而且对一个"绿色文明"来说，对能源的使用和需求同时也是一个道德问题：我们到底需要多少能源？浪费又是从哪里开始的？本书介绍的100多种产品中，几乎每一种都或多或少地与能源需求有关：生产过程中的，运输过程中的，回收过程中的，或者最重要的，产品本身运转所需的能源。

本书侧重于那些用不同方式和形式产生能源的产品：能源生产装置，如太阳能电池板；能源储存和能源测量装置，它们使能源使用成为一种可见的实体，用可见的测量数据来教育引导消费者。而每一个能源产生的领域——或者更好的说法应该是能源转换的领域——都可以在其他几章中找到，在那几章中，读者会接触到各种不同的能量来源，如藻类或植物，风和太阳。目前人类对太阳能、风

能或水能的利用仍处于初期阶段，但正在迅速普及开来。这个领域的技术正在以惊人的速度发展，今天被认为是"前卫"的事物也许很快就会成为我们日常生活的一部分。

然而，这些发展大多数属于技术性的进步，与产品设计关系并不大。这本书的目的不仅仅是展示最新和最有效的太阳能电池板，更是展示创新的设计与发明。例如有些设计者已经开发出可以利用替代能源进行日常工作的产品。可再生能源的储存装置正变得越来越小，因此更便于使用和运输。又比如一款可充电电池，它以传统电池的形式为载体，却被赋予了一种新的功能，可以通过接入计算机获得可替代能源，并可以存储这些能源用于承载其他设备。

根据物理学的定义，能量可以独立于介质和形式而存在，它的使用方式是不固定的、可变的。正如每个人在学校里曾经学到的，能量不会消失，只会转化。这就提出了一个问题：工程师和设计者能将未来的能源从各种不同的存在形式转换成可为我们所用的形式吗？又是否可能在未来直接循环利用已经使用过的或被浪费的能源？

V形帐篷

V形帐篷是一个环保的停车系统，可以保护车辆并给其充电。这是一个可用于个人停车位和公共停车场的可折叠雨棚。V形帐篷旨在为城市环境创造一个可持续发展的系统，为家庭或城市中的电动汽车提供一个安全的空间。作为一个雨棚，V形帐篷可以防范不良天气，如太阳暴晒或降雪，该设计从物理上保护车辆不受环境的影响。

设计者：哈坎·古尔苏（Hakan Gürsu）/诺比斯设计事务所（Designnobis）（土耳其）

经销商：设计原型

开发年份：2012年

主体材料：柔性太阳能板，铝型材，钢材

主要环保策略：可替代能源的使用

设计者：哈坎·古尔苏

照片：由设计者提供

"饥饿的毛毛虫"系列凳子

这一系列机械互动的长凳和方凳由上蜡胶合板、不锈钢紧固件和铰链、尼龙棘轮、橡胶轮、橡皮筋和皮革制成。设计者皮埃尔·奥斯皮纳（Pierre Ospina）设计了一系列的长凳和方凳，开启了一种动态的体验。"饥饿的毛毛虫"提供了在坐着的时候利用能量的可能性，凳子会对使用者的行为做出反应。

设计者：皮埃尔·奥斯皮纳（英国）

开发年份：2010年

主体材料：上蜡胶合板，不锈钢紧固件和铰链，尼龙棘轮，橡胶轮，橡皮筋和皮革

主要环保策略：在坐着的时候利用能量

照片：由设计者提供

设计者：皮埃尔·奥斯皮纳

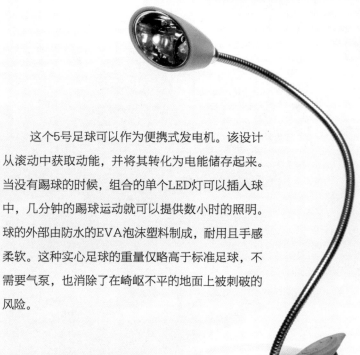

这个5号足球可以作为便携式发电机。该设计从滚动中获取动能，并将其转化为电能储存起来。当没有踢球的时候，组合的单个LED灯可以插入球中，几分钟的踢球运动就可以提供数小时的照明。球的外部由防水的EVA泡沫塑料制成，耐用且手感柔软。这种实心足球的重量仅略高于标准足球，不需要气泵，也消除了在崎岖不平的地面上被刺破的风险。

足球发电机

设计者：非特许游戏公司（Uncharted Play）（美国）

经销商：设计原型

开发年份：2012年

主体材料：EVA泡沫

主要环保策略：本地资源，提供最高瓦数的照明，耐用

照片：由埃曼纽尔·努内斯（Emmanuel Nunez）提供

能量锅

能量锅是一种便携式热电发生器，可以将温差转换成电能。能量锅的特别之处在于，它利用水的自然属性作为散热器，给热电发生器内部一个热表面和冷表面。该装置内部的水永远不会超过100摄氏度，这意味着任何超过200摄氏度的火焰都能与此产生强烈的温差，从而产生可用的电力输出。这使得能量锅能够将烹饪过程中的余热转化为电能。因此，它非常适合许多没有接入电网生活的人，为他们提供高温净化水和电能。而且，这些电能可以用来给任何USB设备充电。

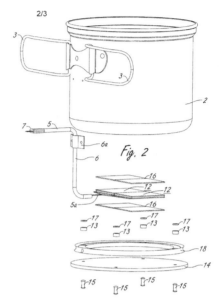

设计者：大卫·托莱多（David Toledo），保罗·斯鲁瑟（Paul Slusser）（美国）

经销商：实用能源公司（Power Practical）

开发年份：2012年

主体材料：硬阳极氧化铝，碲化铋，高温硅

主要环保策略：双重用途，将余热转化为电能

设计者：大卫·托莱多，保罗·斯鲁瑟

照片：由凯尼恩·埃利斯（Kenyon Ellis）提供

由风至光

壹点零（onedotzero）和照明实验室（Light Lab）合作，为2007年建筑周制作了"由风至光"这一概念作品。"由风至光"通过使用微型涡轮机和LED灯，可视化了风在这一建筑作品中的运动，让人们注意到利用风能作为能源的潜力。该项目旨在突出气候变化和可持续发展的关键问题，同时鼓励人们创造性地思考他们周围的空间。

设计者：詹森·布鲁日工作室（Jason Bruges Studio）（英国）

开发年份：2007年

主体材料：微型涡轮机，LED灯

主要环保策略：绿色能源，风能

设计者：詹森·布鲁日

照片：由詹森·布鲁日工作室提供

太阳能鸟舍

欧姆斯工作室（Studio Oooms）设计了一个屋顶装有太阳能电池板的鸟舍。白天，阳光给太阳能电池板里面的小电池充电。到了晚上，透明的光柱亮了起来，成为花园里的一盏小灯。这种小灯也为鸟类吸引了一种简单的夜间小吃；鸟儿们所要做的就是把喙伸出洞外，等待小虫的嗡嗡声。

设计者：卡林·范·利瑟尔（Karin van Lieshout），吉多·欧姆斯（Guido Ooms）/欧姆斯工作室（荷兰）

开发年份：2011年

主体材料：FSC认证的柳桉木

主要环保策略：太阳能电池板

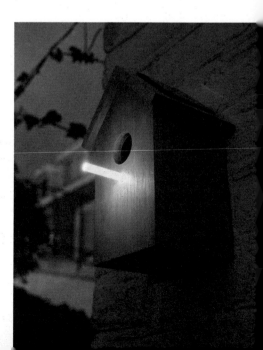

设计者：卡林·范·利瑟尔，吉
多·欧姆斯

照片：由欧姆斯工作室提供

生态床

设计者：辛设

这款生态床的特点包括头顶上的LED阅读灯，播放音乐来叫醒你的扬声器，可以让绿色植物爬上床柱的LED点亮的花箱，等等。最棒的是，这张床有一个内置的电池，可以把你在床上的所有活动都转化为能量。甚至在床的一侧安装了一些设备，可以用来锻炼身体，产生更多的能量。

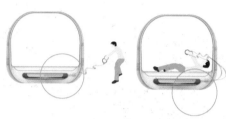

照片：由设计者提供

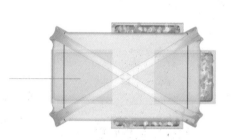

设计者：辛设（Se Xin）（中国）

开发年份：2010年

主要环保策略：能量生成

用"精神之光"拖地

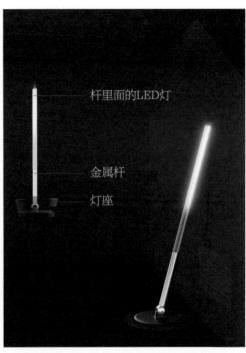

杆里面的LED灯

金属杆

灯座

这款特别的灯有双重功能：既可以作为拖把，也可以用作立灯。使用者在使用拖把时会产生动能，这些动能会被灯储存起来并转化为光能。拖把在清洁过程中开始发光，之后它可以作为一盏普通的灯，在客厅之类的空间使用。这款产品可以使打扫卫生变得非常有趣。

照片：由设计者提供

设计者：辛设

设计者：辛设

开发年份：2010年

主要环保策略：能量生成

电压制造者

　　电压制造者就是你手中的能量。凭借其简单、快速、有趣的充电系统，任何人都可以随时随地为各种移动设备充电。这个有趣的系统通过将动能转化为电能来给设备充电。同时，它也可以作为一个插件适配器来给电灯充电。此外，电压制造者十分环保，是露营旅行、徒步旅行的完美伴侣，也可以简单地作为备用电源使用。这也可能是为电力资源不稳定的国家提供能源的一种解决办法。

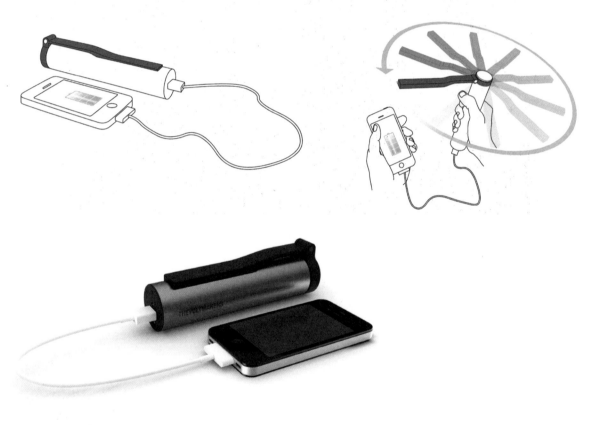

照片：由设计者提供

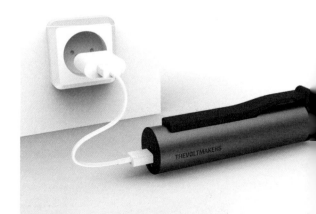

设计者：马修·巴莱（Mathieu Ballet）（法国）

开发年份：2013年

主体材料：铝

主要环保策略：节能，绿色照明，绿色技术，
　　　　　　动能，可再生能源

设计者：马修·巴莱

"莲花"充电桩

　　"莲花"充电桩就像从地下长出来的一片大叶子，赋予了这个有趣的城市设计场所以生命。它拥有座椅和集成光伏板，非常适合绿色公园和停车场。直径14厘米、高260厘米的造型独特的管状元件呈放射状排列，形成了牢固的主干，能够保护下面的汽车免受日晒雨淋。顶部的太阳能板可以用来发电：较小的叶片可以产生0.5千瓦，较大的叶片则能产生2.8千瓦。"莲花"充电桩是一个电动汽车充电站，由于采用了集成系统，每个停车位都配备了一个信息窗口和一个防水充电接口，通过该接口可以为汽车充电。

设计者：吉安卡罗·泽玛（Giancarlo Zema）

经销商：LumineXence公司

开发年份：2011年

主体材料：钢材，ABS，硅电池

主要环保策略：模块化，可回收，能源生产者，耐用，有机

设计者：吉安卡罗·泽玛

照片：由吉安卡罗·泽玛设计团队提供

太阳能车棚

　　这个通过LEED（领先能源与环境设计）铂金级认证的温泉保护区位于一个地下水库，而停车场则处于一个巨大的混凝土水箱的顶部。覆盖该地块的太阳能车棚旨在为汽车遮阳，同时从获得的太阳光中产生足够的电能，为附近200多户家庭供电。这种太阳能电池板专门设计用于捕捉顶部和底部的光线。下方的张紧布将光线反射到面板下方，增加了产生的能量。车库的形式受到传统沙漠建筑的启发，材料和装饰象征着技术、历史和自然的分层与整合。

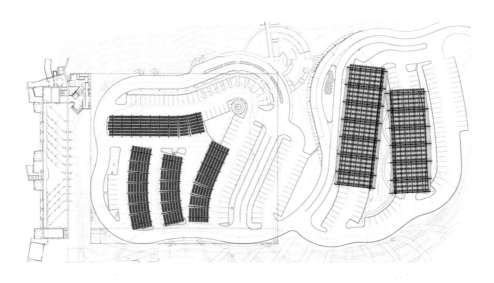

设计者：太阳能设计事务所（SunPower Design）（美国）

经销商：太阳能设计事务所

开发年份：2007年

主体材料：光伏太阳能电池板，钢材，张紧布

主要环保策略：可再生能源

照片：由洛根·格兰杰（Logan Granger）和普勒尔工作室（Proehl Studios）提供

时尚

各种生态因素在时尚设计领域发挥着重要作用。设计过程的一个中心思想是选择对环境友好的材料和使用对生态无害的加工流程。在选择材料时，要确保所选材料要么是完全天然的，要么至少大部分是天然的，又或者是设计者对"废旧"材料的回收利用。

在所有情况下，我们都应该确保不要对材料做出超出必要的转变。当然以下措施也会提升商品的附加价值，比如公平贸易，以及经过天然染料染色的布料。目前人们对天然材料的要求标准很高：材料的质地和耐久性等特性应该来自原材料本身，而不应该是在生产过程中进行人为添加而产生的。在时尚产业中，材料的回收过程或隐或显，因为所选材料的原始功能和形式往往在回收过程中会发生改变。有时这种转变是可逆的——就像玩偶可以回收做成首饰，但也许后来它又会恢复它的原始功能——如果新生产的产品比原材料更加

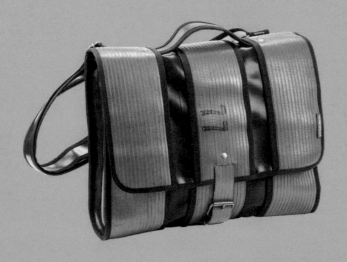

FASH

便于回收，那么我们便会允许它的功能在一段时间内有所转变。

在时尚产业中，不同寻常的原材料往往可以产生各式各样与众不同的创意。比如用植物、炭笔或咖啡豆做成的首饰，用消防水带或旧运动垫制作的包，更不用提用旧衣服和互惠贸易材料制成的新衣服了。通常，这些产品都是独一无二的，它们的外观保留着与原始的产品某种独特的联系。设计者通过他们的作品和收藏，试图不带任何指责地阐明对当今"一次性"文化的批判，并让消费者对资源的使用和应该如何使用有新的认识。

时尚产业和消费群体内部正在进行全面的重新思考，寻找环保的解决方案。一些设计者试图寻找新的、以前从未涉足的道路，将生活和时尚的不同领域结合起来，而这些领域可能乍一看根本不适合：用可生物降解材料制成的鞋子，穿坏后将种子埋入其中，变成花朵。在当今世界，服装可能还有更多其他的用途，而不仅仅只是为了紧跟最新的时尚。

HoseWear品牌

HoseWear是一个年轻的品牌，由爱沙尼亚两名设计专业的学生创立。所有HoseWear的产品都是由回收的废旧消防水带制成的。有些产品上还保留着消防水带的序列号，有些产品上有消防标志，有些产品磨损非常严重，但它们看起来都很独特。由于这是一种废弃材料，若不利用的话就会被焚烧或送往垃圾填埋场。

设计者：李·萨克，伊瓦尔·阿鲁莱德

设计者：李·萨克(Lee Sakk)，伊瓦尔·阿鲁莱德(Ivar Arulaid)/ HoseWear(爱沙尼亚)

经销商：HoseWear

开发年份：2011年

主体材料：废弃的消防水带

主要环保策略：升级再造，回收，本地生产，耐用，重复使用材料

产品照片：由马格斯·约翰森（Margus Johanson）提供

肖像照片：由格利·埃尔德曼（Gerli Erdmann）提供

Transa概念产品

　　Cyclodos是瑞士领先的户外和旅游设备零售商Transa产品责任概念的一部分。"保养—维修—再磨损—再使用—再循环"的五步设计理念，旨在延长户外装备的使用寿命，减少浪费，节约资源。Cyclodos产品是一个很好的例子，证明了废弃的户外装备可以再利用，被赋予新的生命。硬币袋、鞋袋、太阳镜盒、铅笔盒都是由顾客退回Transa商店的旧夹克、帐篷或气垫制成的。每一件作品都是独一无二的，讲述着自己的故事。Cyclodos产品由克里斯汀·布瑟（Christine Buser）设计并手工制作，她创造性地致力于为废弃物品寻找新的用途。

设计者：克里斯汀·布瑟/ Cyclodos（瑞士）

经销商：Transa背包股份有限公司

开发年份：2012年

主体材料：旧夹克面料，帐篷，气垫，降落伞

主要环保策略：回收材料，本地生产，产品责任

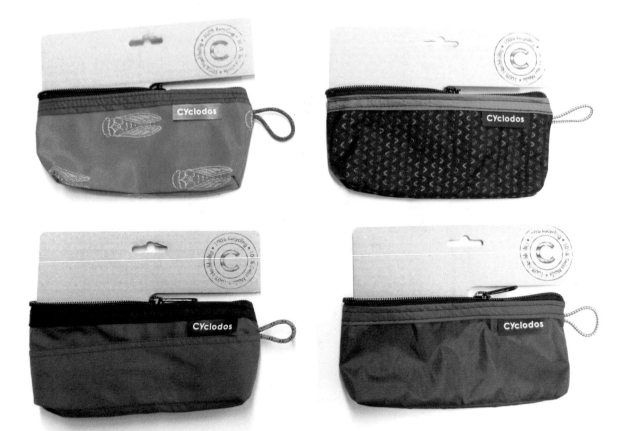

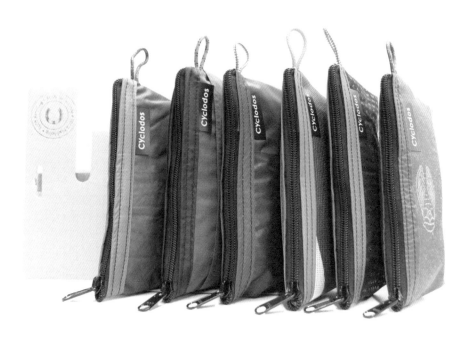

产品照片：由卡米洛·施瓦兹（Camilo Schwarz）和西蒙·施瓦兹（Simón Schwarz）提供

肖像照片：由西蒙·施瓦兹提供

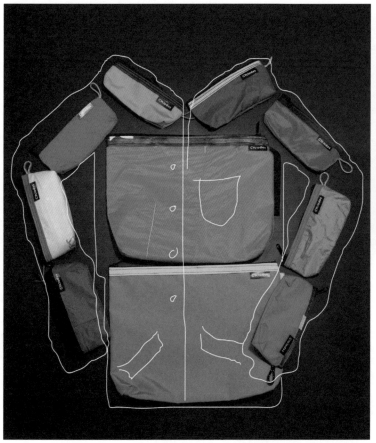

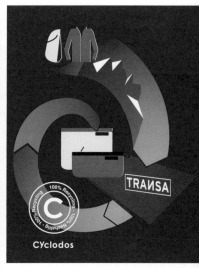

设计者：克里斯汀·布瑟

"仅乞"背包

塑料袋对环境的负面影响越来越大，这促使工业设计者纳乌利亚·路易斯（Naulila Luis）设计了一系列使用可回收材料制成的环保配件。她的"仅乞"背包是一款独特的设计，由回收的毡尖笔和弹性线制成。"仅乞"是一个专注于在日常生活中重新利用被低估的材料的设计品牌。这款包不仅富有想象力和美感，它也是源于一种社会意识的倡议；这些包是由葡萄牙女性隐居者所制作的。

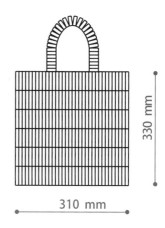

330 mm

310 mm

设计者：纳乌利亚·路易斯（葡萄牙）

经销商：Sushi设计事务所（Sushi Design）

开发年份：2002年

主体材料：毡尖笔，弹性线

主要环保策略：回收材料，再利用

产品照片：由纳乌利亚·路易斯提供

肖像照片：由亚历山德拉·席尔瓦（Alexandra Silva）提供

设计者：纳乌利亚·路易斯

黑至备长炭

这个项目的灵感来自汤姆·威兹（Tom Waits）的一首歌——《她是一颗想作为木炭存在的钻石》（"She is a diamond that wants to stay coal"）。由于木炭和钻石都由同一种碳元素构成，设计者决定促成前者进化，用木炭来制作自己的"钻石"。这颗钻石已经被一种特殊类型的木炭——备长炭——取代，这种木炭产自日本和韩国，通过一种古老而可持续的传统工艺制成。珠宝首饰设计与矿业有着很强的联系，矿业往往是造成生态破坏的原因。因此，设计者想要寻找一种替代材料。备长炭在其工艺寿命结束后，没有被抛弃，而是开始了作为珠宝的新生命。

设计者：吉特·尼加德（Gitte Nygaard）（荷兰）

经销商：吉特·尼加德

开发年份：2011年

主体材料：备长炭

主要环保策略：回收利用，耐用，公平贸易

设计者：吉特·尼加德

产品照片：由佩特拉·范·韦尔岑（Petra van Velzen）、托马斯·希雷（Thomas Heere）提供

肖像照片：由杰尔·斯特拉施诺（Jair Straschnow）提供

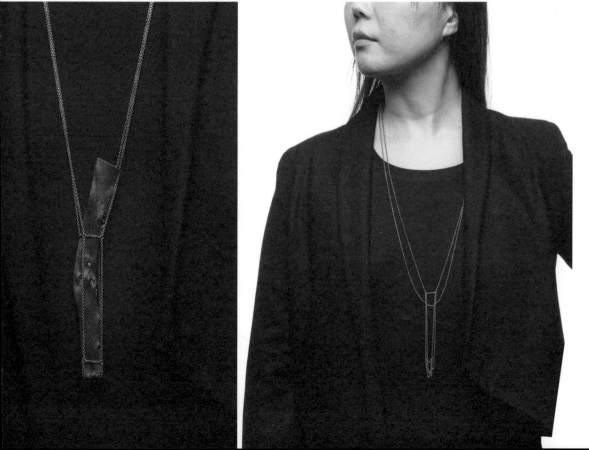

"回收"标识

　　"回收"环保时装系列的灵感来自复古时装，并且它是完全由回收服装制成的。该系列旨在提高人们对将不需要的衣物扔到垃圾堆所涉及的有限自然资源和环境问题的认识。该系列已在英国乃至国际上的各种杂志和图书上发表。设计者加里·哈维（Gary Harvey）目前正在与英国政府就减少废物挑战进行磋商，并经常在世界各地的活动上宣传他的工作。

设计者：加里·哈维（英国）

经销商：加里·哈维

开发年份：2006年

主体材料：回收服装，纺织品，包装，印刷品

主要环保策略：从垃圾堆里重塑产品，挑战服装再利用的
　　　　　　　　设想，赋予废物价值

产品照片：由罗伯特·德雷利斯
　　　　　（Robert Decelis）提供
肖像照片：由詹姆斯·迪莫克
　　　　　（James Dimmock）提供

设计者：加里·哈维

"直至支离破碎"工作室

　　翻新和维修工作室"直至支离破碎"（Bis es mir vom Leibe fällt）专注于修复现有的物品。对于设计者来说，生活中的事故及其造成的后果是他们改造事物的动力来源。环境为创造性的介入提供了机会，也为消除毁坏或错误提供了机会，把平淡无奇或大批量生产的物品变成独一无二的定制物品。时装设计，在某种程度上，通常是由抵消缺陷和不足的愿望所激发的。这些设计者并不会被修复产品限制，而是把它看作创造新事物的机会——改变一个急需修复的世界的手段。

设计者：D.丽莎（Lisa D.）/"直至支离破碎"工作室（德国）

开发年份：2011年

主体材质：二手服装，剩余面料，剩余纽扣

主要环保策略：再生材料，本地生产，公平贸易

设计者：D.丽莎

照片：由阿库德（Akud）和埃丝特·凯亚·圣盖尔（Esther Kaya Stögerer）提供

低因咖啡

低因咖啡是由用过的咖啡渣与自然物质混合制造而成的。这些戒指是该系列产品的一部分，此外还包括烛台、灯罩、碗和其他各种物品。因为戒指是一种日常用品，随处可见，所以它的存在是为了引起人们对日常废弃物问题的关注，并激发人们对废弃物处理的替代办法的创造性灵感。这款戒指是手工制作的，是经过需要很多耐心和决心的实验过程的成果。

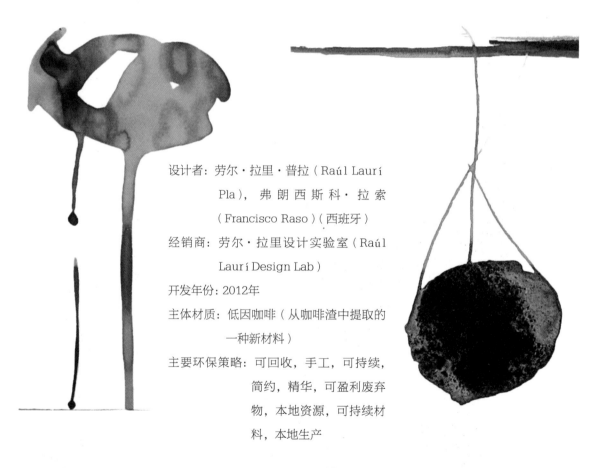

设计者：劳尔·拉里·普拉（Raúl Laurí Pla），弗朗西斯科·拉索（Francisco Raso）（西班牙）

经销商：劳尔·拉里设计实验室（Raúl Laurí Design Lab）

开发年份：2012年

主体材质：低因咖啡（从咖啡渣中提取的一种新材料）

主要环保策略：可回收，手工，可持续，简约，精华，可盈利废弃物，本地资源，可持续材料，本地生产

设计者：劳尔·拉里·普拉，弗朗西斯科·拉索

照片：由劳尔·拉里和莱安德罗·加尔卡（Leandro Garcia）提供

可穿戴盆栽系列

　　可穿戴盆栽是一组系列产品，它可以将植物作为珠宝佩戴，也可以将植物放在自行车上。这一系列产品的诞生，是因为人们意识到大多数塑料制品只是被使用一时，所以人们希望以此来抵抗这一趋势，用这种材料制作一件可以使用更长久的物品。本系列中的所有物体都是使用3D打印完成的，最大限度地减少了生产和本地化制造过程中的浪费。

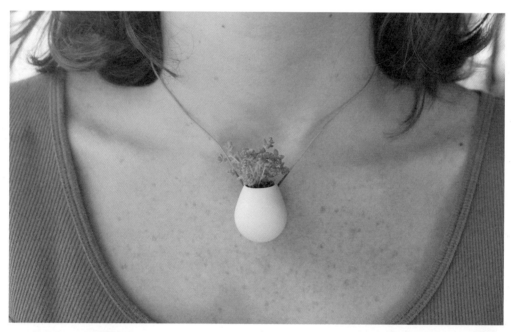

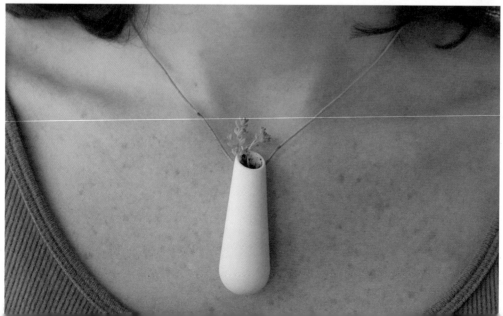

设计者：科琳·乔丹

设计者：科琳·乔丹（Colleen Jordan）（美国）

开发年份：2013年

主体材质：再生塑料

主要环保策略：3D打印，可持续技术，耐用材料，

植物饰品等

照片：由设计者提供

塑料身体系列

　　要么喜爱要么厌恶，很少有人能对芭比娃娃保持完全中立的态度。设计者玛戈尔·兰格（Margaux Lange）着迷于芭比娃娃作为流行文化的象征及其对社会产生的巨大影响。她喜欢将一些无处不在的大批量生产的物品变成一件独特的手工制作、可穿戴的艺术品。芭比娃娃本就是配饰，而无须再配饰化。对于设计者来说很重要的是，她的艺术首饰中使用的芭比娃娃都是作为二手物品购买的。它们之前接受了孩子们的想象、触摸并倾听了他们的心声，现在它们将继续为艺术而存在，而不是为垃圾填埋场做出贡献。

设计者：玛戈尔·兰格（美国）

开发年份：2001年

主体材质：纯银，塑料娃娃部件，树脂

主要环保策略：升级再造材料，再利用，手工制作

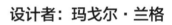

设计者：玛戈尔·兰格

照片：由玛戈尔·兰格和阿扎德（Azad）提供

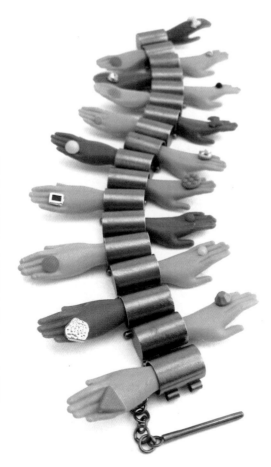

Oat鞋

　　Oat鞋是世界上第一款无毒、可生物降解的鞋。当它们走到生命的尽头时，鞋子可以被埋在地下，而鞋子里的种子会随着鞋子的降解而绽放出一株美丽的野花。Oat相信，生命是循环往复的，生命终止的事物应该给新的开始带来灵感。这是因为消费者已经逐渐走出工业时代，在工业时代，产品被购买、使用、丢弃和遗忘。Oat希望将这个线性的工业社会与其周期性的自然根源重新联系起来。工业设计者克里斯蒂安·马茨（Christiaan Maats）于2008年创立Oat，当时他刚从代尔夫特理工大学毕业。

设计者：克里斯蒂安·马茨/ Oat公司（荷兰）

经销商：Oat公司

开发年份：2011年

主体材质：线麻，生物降解TPE，生物棉，黄麻，亚麻

主要环保策略：生物降解材料，可回收材料，公平贸易

**设计者：
克里斯蒂安·马茨**

照片：由玛丽尔·范·利文（Marielle van Leewen）和蒂姆·范·本特姆（Tim van Bentum）
提供

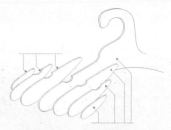

阿迪达斯SLVR环保展示产品

简约、完美、创新、纯净是阿迪达斯SLVR可持续服装系列的核心理念。阿迪达斯联合环球绿心公司（GreenHeart Global），设计了一系列能够反映该品牌核心理念的展示产品。两者合作的巅峰产品是创新和时尚的Ziggurat纸板衣架。它的设计灵感来自梯田和古代寺庙，采用分层和高度压缩的纸板制作而成。阿迪达斯的展示产品具有明晰的形式和功能，这也反映了阿迪达斯SLVR的理念。

设计者：加里·巴克（Gary Barker），迈克尔·洛（Michael Low）/环球绿心公司（美国）

经销商：环球绿心公司

开发年份：2008年

主体材质：100%再生纸，FSC认证，最低70%的消费后废物（PCW），淀粉基黏合剂，大豆基油墨

主要环保策略：回收材料，绿色营销

设计者：
加里·巴克，迈克尔·洛

照片：由环球绿心公司和阿迪达斯提供

纯粹自然的时尚

2003年，这些设计者发起了生态有机贸易区项目（eco zona organic transfair project），以创造尽可能纯粹的时尚，使产品尽可能公平地生产。该系列产品结合了大自然的杰作与人类的技术和设计，创造了永恒的最高品质的时尚。所有生产原料和流程——有机纤维、羊毛、纱线、织物、时装、标签、吊牌和包装，都在秘鲁可持续和公平贸易条件下进行。

设计者：西比·西贝曼（Sibi Siebenmann）/生态
　　　　有机贸易区项目（瑞士）

经销商：生态有机贸易区项目

开发年份：2003年

主体材质：本地有机染料，皮玛棉，陆地棉，天然
　　　　颜色的环保幼羊驼绒

主要环保策略：天然颜料，有机纤维，公平贸易，
　　　　本地生产，可持续材料

照片：由设计者提供

设计者：西比·西贝曼

Tay护肤品包装

　　Tay公司的一系列护肤产品的内外设计灵感，都来自创造一个集简约和美丽于一体的护肤系列的理念。设计者们从不同的形状、元素和质地中汲取灵感，决心创造出一款兼具美感与功能的奢侈品。该产品的包装设计在保持高品质、自然、有机的同时，兼顾美学和艺术等特性。

设计者：莎拉·泰（Sarah Tay）（美国）

经销商：Tay公司

开发年份：2011年

主体材质：竹

设计者：莎拉·泰

产品照片：由S Techaphunphol提供
肖像照片：由汤米·希（Tommy Shih）提供

设计者：伯尔尼·德雷尔

"社团训练"系列箱包

这一系列箱包的灵感来自设计者偶然发现的一堆旧运动垫和一些破旧的运动器材，它们原本已经被遗弃在路边等待着被处理——其本属于一家运动器材修理店，因无法修理而被抛弃。设计者看到了这些破旧、磨损的皮革的潜力，决定将它们进一步利用，重新设计成各种不同大小的时尚箱包。

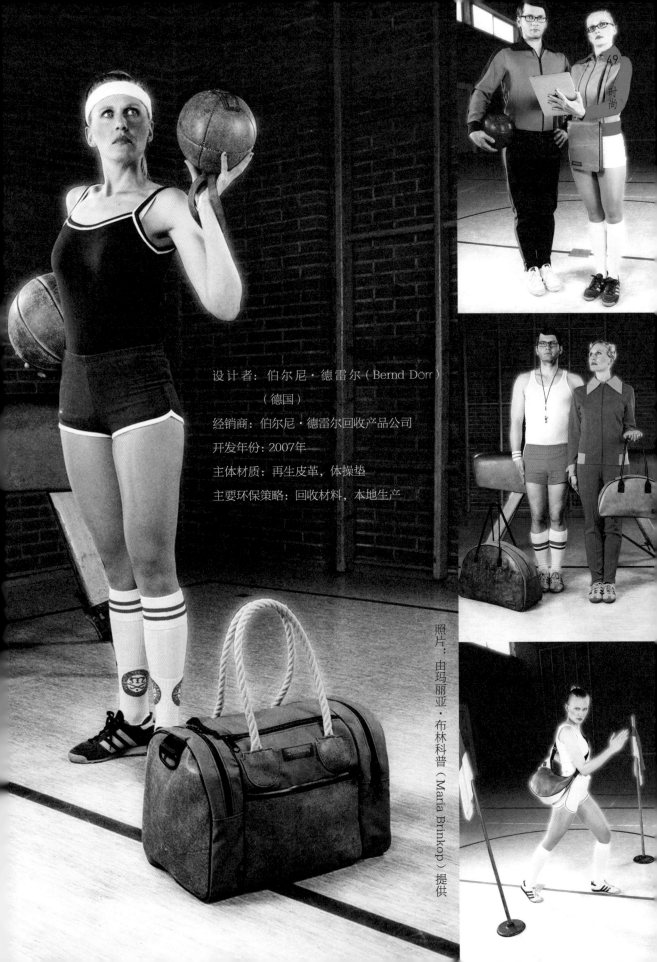

设计者：伯尔尼·德雷尔（Bernd Dörr）
　　　　（德国）

经销商：伯尔尼·德雷尔回收产品公司

开发年份：2007年

主体材质：再生皮革，体操垫

主要环保策略：回收材料，本地生产

照片：由玛丽亚·布林科普（Maria Brinkop）提供

Terraclime相机包

　　Terraclime是一款多用途的软边相机包，它使用的材料减少了对环境的影响——95%以上都由回收材料制成。使用可回收的织物、织带和配件有助于减少对环境的影响，而耐用的环织面料则是由100%回收的PET瓶制成的。软质侧袋采用了分层结构的织物和隔网，以此提供了轻盈的保护。除此之外，它的非相机袋部分的设计面向时髦的消费者。而封口的双环钩设计具有缩小或扩大容量的功能。

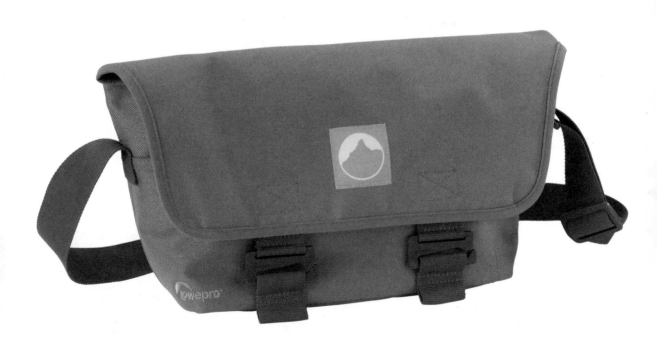

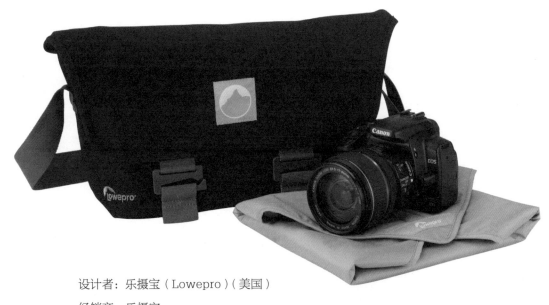

设计者：乐摄宝（Lowepro）（美国）

经销商：乐摄宝

开发年份：2008年

主体材料：再生面料，织带，PET瓶

主要环保策略：回收材料，本地生产

照片：由设计者提供

邦杜背包

邦杜背包以"设计可以改变生活"为核心理念，生产美观、新颖的环保袋。邦杜背包是从一个创意，从对当代非洲设计的热爱，以及从对非洲女性的关心开始的。在非洲，回收利用已经成为一种生活方式，而且非洲一些最具创新性、最鼓舞人心的工艺是使用升级的回收材料制成的。每个包的外壳都由回收的货物捆扎带编织而成。设计者认为，通过可持续的收入创造赋予非洲妇女权利是扶贫的途径，同时也可以通过社会企业来扶贫。尽管消费主义做出了许多空洞的承诺，但负责任和积极主动的消费主义有能力改变生活。

设计者：科琳·汤普森（Colleen Thompson）（南非）

经销商：邦杜背包

开发年份：2012年

主体材质：回收的货物捆扎带

主要环保策略：回收，公平贸易

设计者：科琳·汤普森

照片：由凯尔·斯特罗贝尔（Kyle Stroebel）提供

2013年秋

"2013年秋"是一曲给东村偶像们的颂歌。约翰·帕特里克（John Patrick）从西林达·福克斯（Cyrinda Foxe）和安雅·菲利普斯（Anya Phillips）等地下奇才身上汲取灵感，用时髦的手工针织衫、休闲而富有诗意的外套来诠释她们性感的灵魂，并更新了该品牌经典的可生物降解短衫和T恤系列，这些服饰全都采用了独特的浅黄褐色、火烈鸟粉色和定制的灰色。约翰·帕特里克在这一季的设计重点是外套，他通过一种用回收的面板制成的二氧化碳中性纱线来继续探寻可持续的工艺。

设计者：约翰·帕特里克/有机服装
　　　公司（美国）

开发年份：2012年

主体材质：由再生面板制成的二氧
　　　化碳中性纱线

主要环保策略：有机，可持续，再
　　　生，公平贸易，工
　　　匠，环保

设计者：约翰·帕特里克

产品照片：由阿德里安·尼娜（Adrian Nina）提供
肖像照片：由马库斯·托多（Marcus Tondo）提供

家居

本章展示了家庭中使用的绿色设计，生动地呈现了在过去几十年里，环保产品和生产在20世纪70年代和80年代的橙色板条箱和酒桶家具、软木和草墙纸上取得了多大的进步。即使像酒桶一样的多余物成为新产品的核心概念，旧产品便有了全新的用途。例如，改造橙色板条箱只是一个简单的开端，它是按照设计者的意愿改造的：当最终产品生产出来时，回收过程或隐或显，这样新产品就不会和旧产品有任何相似之处。回收是循序渐进的，是广泛设计过程的一部分，是一个自然的过程。

本章说明，对于设计者来说，绿色原则是产品设计中很明显的一部分。回收、使用原材料、公平贸易、可持续的产品和工艺正在从不寻常的特点转变为高质量设计的基本原则。然而，这里展示的例子清楚地强调，并不是所有这些标准都必须得到满足才能达至"绿色"。其实，整体的平衡要重要得多：一种可能不

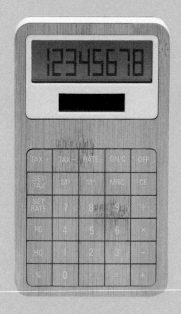

那么环保的材料，通过增加其使用寿命或耐久性，同样也可以获得"绿色环保"的价值，这比需要不断更换或更新的同类型的纸质产品要好很多。

即使是个塑料瓶，也可以在你需要时成为你的得力助手。有时，将"废弃"产品从无休止的回收循环中脱离出来并赋予其一种全新的功能用途也是很有价值的。对于回收产品来说，决定新产品魅力的始终是原产品的美感。

要确定重复使用某种材料的愿望是来自使用该材料本身，还是某个产品碰巧为某种新东西提供了最佳材料，往往不是一件容易的事情。这也适用于将自然生活带入家中的产品。植物的功能离不开它们的审美和外观。其不再简单地生长在植物花盆里，而是成为整个产品的一部分：比如苔藓地毯，你洗完澡就可以站在上面给它浇浇水了。

苔藓地毯

想象一下，洗完澡，踩在由森林苔藓做成的地毯上。这种苔藓地毯可以在你享受脚下柔软触感的同时收集水分。苔藓地毯是一种生态生活地毯：组成它的苔藓在一个来源于植物的可回收乳胶制成的底板上生长进化而来。苔藓喜欢阴凉潮湿，并能长时间保持绿色。地毯边角处的波浪形状意味着多个地毯可以像拼图一样拼接在一起，达到你想要覆盖的面积。

设计者：拉·查恩·圭恩（La Chanh Nguyen），埃卡尔（Ecal）/连接设计事务所（Nection Design）（瑞士）

经销商：Hoo设计事务所（Hoo Design）

开发年份：2010年

主体材质：生长中的苔藓，再生乳胶泡沫废料（主要是植物乳胶），生态胶

主要环保策略：再生材料，无溶剂生态材料，植物材料

设计者：拉·查恩·圭恩

肖像照片：由杰夫·阿劳霍（Jeff Araujo）提供

产品照片：由拉·查恩·圭恩提供

气候双循环面料

这是一种环保、可持续和经济的室内装饰织物，具有特定的功能。自然和技术原材料的结合带来了能适应气候变化的座椅面料。双循环技术吸收、缓冲和蒸发水分，并触发非凡的透气性。专有的编织技术将生物循环和技术循环的可回收材料结合在一起，形成一种性能卓越的混合纺织品。成本密集型功能纤维的设置趋于优化，使得它具有生态经济优势。气候双循环面料具有舒适、宜人、智能和耐用等特性；它会为高品质的生活做出可持续的贡献。

设计者：格斯纳有限公司（瑞士）

开发年份：2012年

主体材料：经认证的未加工羊毛，兰精阻燃纤维

主要环保策略：可分解的纺织混合材料，完全可回收，非常耐用，坐时可调节温度

照片：由格斯纳有限公司提供

loudbasstard扩音机

　　loudbasstard创造了旨在传播和分享对音乐的热爱的产品。loudbasstard扩音机是一款由竹子和藤制成的全天然的产品。loudbasstard扩音机提供了一种融合当前不断发展的技术、工业设计和可持续性的方法，以满足现代需求的具有设计意识的产品。该产品当前的设计是经过长期实验过程得到的结果。loudbasstard扩音机使您可以通过被动扩音来分享音乐。丰富的自然资源和高质量的工艺是设计过程中的关键要素。每一件产品都经过有机处理和固化，达到理想的水分含量，以适应温带气候。该扩音机在菲律宾宿务进行手工切割和染色，以及最终的手工包装。

设计者：小野泽雄（Koh Onozawa），
弗朗茨·伊格纳西奥（Franz
Ignacio）/ loudbasstard（菲
律宾）

经销商：loudbasstard公司

开发年份：2012年

主体材料：竹，藤

主要环保策略：本地生产，低能耗，利
用可持续种植园，可持
续材料

设计者：
小野泽雄，
弗朗茨·伊格纳西奥

产品照片：由保罗·康斯特（Paolo Konst）提供

肖像照片：由保罗·康斯特提供

椅子

设计者：本杰明·罗林斯·考德威尔

　　这一系列的家具包括多款独特的家居作品。德尤斯狂野椅由350副拉斯维加斯扑克牌组成。每张牌都被切成两部分，打孔两次。钢条穿过打孔，把卡片和椅子固定在一起。有盖的椅子由瓶盖和尼龙扣条连接而成。椅子结构由99%的再生钢材组成。互联网椅由大约335米在废弃仓库找到的同轴电缆芯制成，从电缆上剥离黑塑料外壳和编织铜屏蔽层，留下白色几近透明的芯。然后，将电缆穿过64根铝棒。"自杀"椅使用铝制汽水罐和镍装饰钉来形成拼接的外表，而坐垫则是使用了苏打水罐的标签部分，用麻绳编织而成。

设计者：本杰明·罗林斯·考德威尔
　　　　（Benjamin Rollins Caldwell）
　　　　（美国）

经销商：BRC设计事务所（BRC Designs）

开发年份：2010—2013年

主要环保策略：改变瓶盖的用途，回收汽
　　　　　　　水罐和拉耳，改换同轴电
　　　　　　　缆和蓝色塑料布的用途，
　　　　　　　回收废弃的拉斯维加斯扑
　　　　　　　克牌

产品照片：由卡罗尔·福斯特（Carroll Foster）和乔希·哈迪（Josh Hardy）提供

肖像照片：由帕特里克·卡文·布朗（Patrick Cavan Brown）提供

瓦克斯ev吸尘器

在英国，每年有大约1000万吨垃圾被填埋到垃圾填埋场，很快填埋场的空间就会耗尽。该项目的灵感来自找到生产我们所需产品的新方法的需要，同时该项目还减少了浪费及垃圾对环境产生的巨大的影响。瓦克斯ev纸板真空吸尘器采用已回收和可回收的材料，能减少垃圾，从而实现最佳的可持续性。瓦克斯ev是一个功能齐全的样机，该公司目前正在探索大规模生产的可能性。

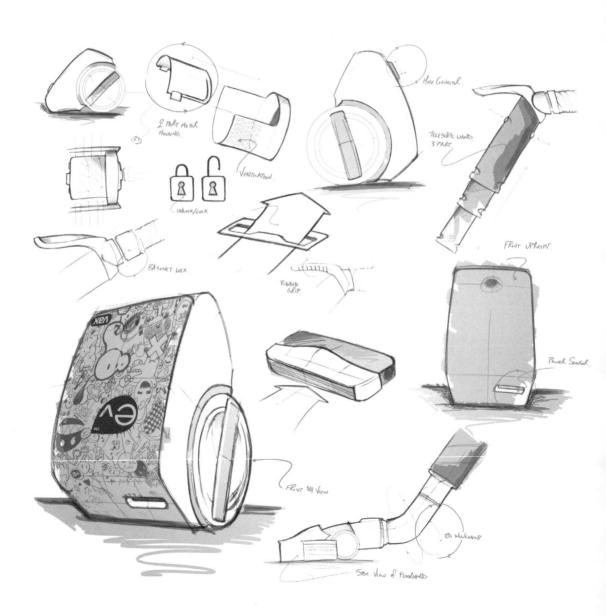

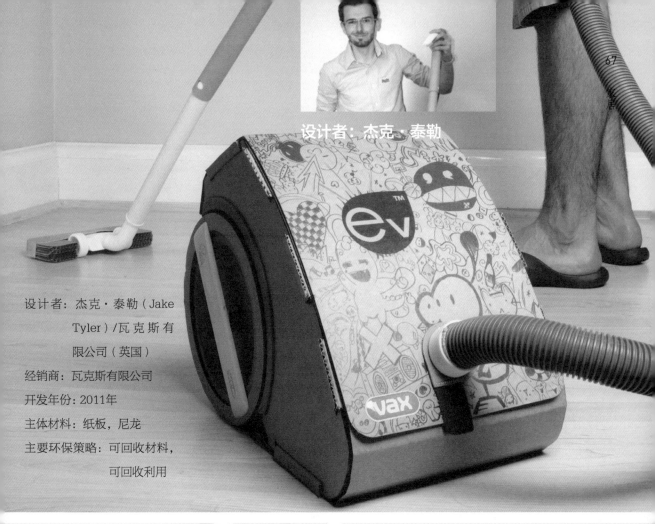

设计者：杰克·泰勒

设计者：杰克·泰勒（Jake Tyler）/瓦克斯有限公司（英国）

经销商：瓦克斯有限公司

开发年份：2011年

主体材料：纸板，尼龙

主要环保策略：可回收材料，可回收利用

照片：由安迪·坎宁安（Andy Cunningham）提供

易拉罐盖

　　易拉罐盖的设计用于以几种不同的方式重复使用每个铝制饮料罐。本产品为不同盖子的易拉罐增加了多种功能。在每分钟平均有113204个铝罐被回收的同时，大约有10万个易拉罐被丢弃进入垃圾填埋场。易拉罐盖的设计提供了一种简单而有效的方式来重复使用这些铝罐，将它们变成具功能性和有趣的物品。该项目背后的设计目标是通过重复利用来减少铝罐在自然界中的浪费，同时提高全人类的环境保护意识。

设计者：哈坎·古尔苏/诺比斯设计事务所（土耳其）

经销商：设计原型

开发年份：2012年

主体材料：再生塑料

主要环保策略：重复使用铝罐，回收废弃物

设计者：哈坎·古尔苏

照片：由设计者提供

滑板吉他

弦乐器制作者伊泽奎尔·加拉索（Ezequiel Galasso）专注于新型和创新的电吉他制作方法。他与专业滑板师吉安弗兰科·德·詹纳罗·吉尔穆尔（Gianfranco de Gennaro Gilmour）合作，将其文化中的两个标志性元素融合在一起，创造出一种新的狂热经典。他们一起着手创造一种高效、简单和时尚的方法，只用两块废弃的滑板就能制作出一把完整的电吉他。其结果就是完全由枫木制成了这款功能齐全的便携式乐器。

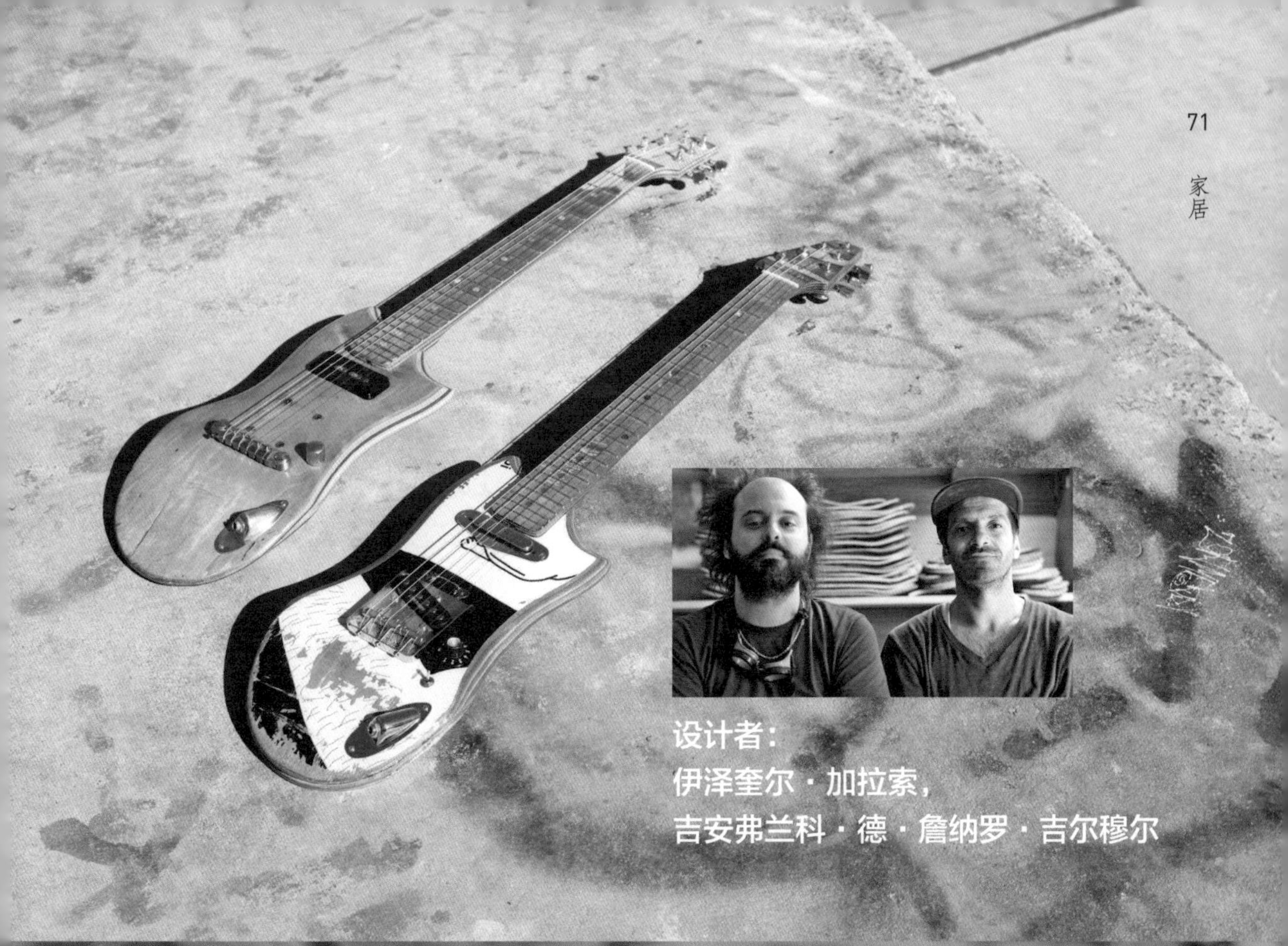

设计者：
伊泽奎尔·加拉索，
吉安弗兰科·德·詹纳罗·吉尔穆尔

设计者：伊泽奎尔·加拉索，吉安弗兰科·德·詹纳罗·吉尔穆尔（阿根廷）

经销商：加拉索吉他（Calasso Guitars）

开发年份：2011年

主体材料：回收的滑板

主要环保策略：再生材料，本地生产，耐用

照片：由伊格纳西奥·莫尔（Ignacio Morre）提供

卡顿设计

纸板的轻盈和自然外观提供了无限的应用机会。这些物体通过折叠纸板连接，并由紧密配合的纸板构成。这个个性化的手工纸板家具系列，包括灯具、椅子、桌子和花瓶，为公寓、办公室或商店提供了一个有趣的家具解决方案。不寻常的材料选择反映了设计者的信念，即人们对新的解决方案和想法持开放态度，愿意拥抱令人惊叹的功能设计。

设计者：杰诺斯·特贝（János Terbe）/卡顿设计事务所
　　　　（Karton Design）（匈牙利）

经销商：杰诺斯·特贝

开发年份：2000年

主体材料：纸板，纺织品

主要环保战略：再生材料，本地生产

设计者：杰诺斯·特贝

照片：由闪回工作室（Flashback Studio）提供

Brut凳

　　Brut凳是一种户外使用的整体式凳子和烧烤设备，通过使用浇注水泥和椰子壳（一种农业废弃物）来生产。这种材料兼具防水防火的特性。设计者通过创造一种低技术的铸造工艺，使用易获得的产品，探索了自我生产这一领域，其中大部分产品都可以在宜家商店买到。混合物被压缩注入一个可重复使用的模具中，而实际上这个模具只是一个家用塑料容器。这种纤维状化合物非常坚固，不需要任何内部加固。聚苯乙烯泡沫塑料芯可显著减轻每件产品的重量，使一个人就可以轻易举起。由于使用回收椰子壳纤维作为主要成分，这些碎片的独特质地中和了混凝土的冰冷粗糙。这一工艺使得以极低的成本在当地小规模生产这些耐用品成为可能。

设计者：阿古丝蒂娜·柏特妮（Agustina Bottoni）（意大利/阿根廷）

开发年份：2012年

主体材料：硅酸盐水泥，椰子壳，发泡胶，钢材

主要环保策略：再生材料，农业废弃物的使用，当地生产，自我生产，耐用，能耗低

照片：由罗伯托·尼奥·贝坦科（Roberto Niño Betancour）提供

设计者：
阿古丝蒂娜·柏特妮

"微瑕"系列家具

瑞安·弗兰克（Ryan Frank）是一位南非设计者，专门设计可持续家具。在开发"微瑕"系列家具的同时，他遵循他的整体意图来创造永恒的家具，这些家具可以完全被回收或者重复使用。瑞安·弗兰克使用再生钢框架和竹子表面来制作这种家具系列，并开发出一种不使用任何胶水或螺丝的技术，这样可以轻松地拆卸这些部件。谈到他的产品，设计者强调只使用可回收利用的材料。

设计者：瑞安·弗兰克（南非）

经销商：瑞安·弗兰克

开发年份：2012年

主体材料：竹子，软木，钢材

主要环保策略：可再生，可回收，耐
用，可生物降解

设计者：瑞安·弗兰克

产品照片：由鲁本·奥尔蒂斯（Ruben Ortiz）提供

肖像照片：由保罗·洛夫克拉尼（Paolo Veclani）提供

"大地"凳

　　"大地"（Terra）是一个以压缩土和农业废弃物生产生物家具和人工产品的品牌。"大地"凳是由土和天然纤维制成的一系列有机产品和家具的一部分。该系列由100％有机物制成，零能量消耗，不会造成污染，完全可再生和可堆肥。"大地"系列产品采用压缩工艺生产，结合了本地知识和现代生产工艺。这些产品在生命周期结束时，可以被用户改造或只是在花园里堆肥使用。"大地"的愿景是为当地生产和使用设立标准，只使用当地可用的材料和有机废物。

产品照片：由肖·本·埃弗拉伊姆（Shay Ben Efrayim）提供

肖像照片：由达夫纳·卡普拉（Daphna Kapla）提供

设计者:
阿迪塔尔·埃拉

设计者:阿迪塔尔·埃拉(Adital Ela)/S感设计(S-Sense Design)(以色列)

开发年份:2012年

主体材料:来自建筑垃圾、秸秆和农业废弃物的土壤

主要环保策略:可堆肥,零能源生产,可回收,本地生产

西莎莉亚·艾芙拉储物罐

该存储单元被认为是重复使用空钢罐的一种方式。该装置由几个罐子组成，粘在一起形成不同的形状或集群，可以收纳袜子、内衣、水果和钥匙等。这件作品一直被设计成一个DIY项目，终端用户用他们自己丢弃的罐子即可制作一个存储单元。自2004年以来，设计者就在其网站上提供了PDF格式的设计说明文档。

设计者：埃米利亚诺·戈多

（Emiliano Godoy）

（墨西哥）

开发年份：1997—2006年

主体材料：改变用途的咖啡罐

主要环保策略：循环利用材料，

自己动手制作

产品照片：由但丁·布斯克茨（Dante Busquets）提供

肖像照片：由恩里克·麦加（Enrique Macías）提供

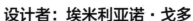

设计者：埃米利亚诺·戈多

时髦椅

时髦椅是一个组合式座椅系统。与传统家具不同，该系统的轻质组件和独立的垫子创造了一个非常灵活的座位安排，可以适应各种规模的生活空间。该设计专门用于狭窄的生活空间。如果情况发生变化，有更多可用空间时，用户可以简单地添加更多组件。新加上的软垫可以作为扶手，也可以在地板上自由使用。

设计者：奥纳尔·Y. 德米罗兹（Onur Y.
　　　　Demiroz）/ OYD 设计事务所
　　　　（OYD Design）（土耳其）

开发年份：2009年

主体材料：胶合板，铝，双层泡沫，织物

主要环保策略：独立垫子，组合式，可回收

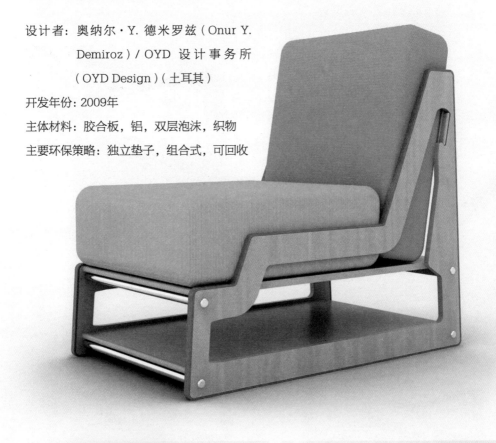

照片：由设计者提供

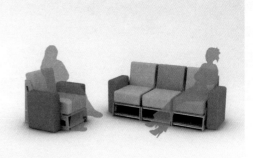

FL室内外椅

　　FL室内外椅是一款舒适的休闲椅，使用方便且美观。FL室外椅包括聚酯网和由木质塑料复合材料（WPC）制成的框架。FL室内椅则附加一个靠垫，靠垫用带子绑在网的下面。通过使用木质塑料复合材料，侧框成型，管材挤出，成型后无需任何后处理。扁平椅子可以在家里轻松组装，只需要8个螺丝。它的重量仅为6.5千克，可以在室外或室内使用，因为WPC具有不受天气影响的特性。

照片：由设计者提供

设计者：奥纳尔·Y.德米罗兹（Onur Y. Demiroz）/OYD设计事务所（OYD Design）（土耳其）

开发年份：2012年

主体材料：木头，塑料

主要环保策略：再生材料

Pulpop MP3音箱

这款USB MP3音箱具有优良的环保与设计意识，采用再生纸浆制成。它有一个不寻常的甜甜圈形状，虽然是这样的外观但仍然超轻。中空空间内的振动放大了声音。经过一系列的试错实验后，这款音箱效果惊人，能够产生高质量的扩音效果。

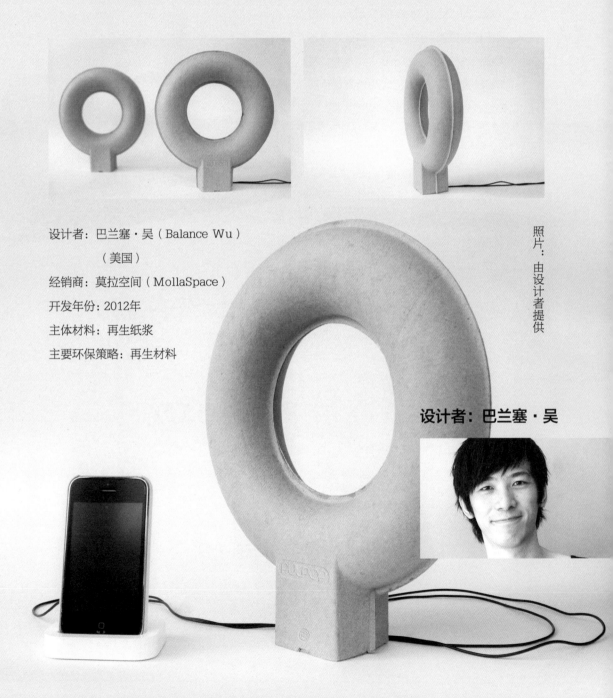

设计者：巴兰塞·吴（Balance Wu）
（美国）

经销商：莫拉空间（MollaSpace）

开发年份：2012年

主体材料：再生纸浆

主要环保策略：再生材料

照片：由设计者提供

设计者：巴兰塞·吴

重新规划

　　重新规划有限公司（Repurpose Inc.）是为消费者提供优质环保食品服务产品的领先创新者。重新规划有限公司成立的目的是消除一次性塑料，用可再生植物替代品代替它们。该公司旨在为每个消费者提供高质量、可堆肥、可持续的选择，并帮助他们以合理的价格降低碳排放。

设计者：重新规划有限公司（美国）

经销商：重新规划堆肥有限公司

开发年份：2009年

主体材料：植物（玉米）

主要环保策略：可回收，可再生，可堆

肥，不含BPA

FS椅

FS椅背后的设计理念是尽量减少资源的使用，同时最大限度地发挥其功能。该椅子由桦木胶合板制成，浪费的材料非常少。它以扁平化包装运输，以此降低运输成本，以及减少能耗和污染。椅子便于组装，不使用任何螺丝钉或胶水。设计灵感来自胸腔的形状，木制框架均匀地支撑着负载。座椅下方还设有一个储物空间，内置一个坐垫，可提供多功能和创新的座椅体验。

设计者：奥纳尔·Y.德米罗兹/OYD 设计事务所（土耳其）

经销商：OYD 设计事务所

开发年份：2010年

主体材料：胶合板，有机织物，绳子

主要环保策略：能耗低，可生物降解

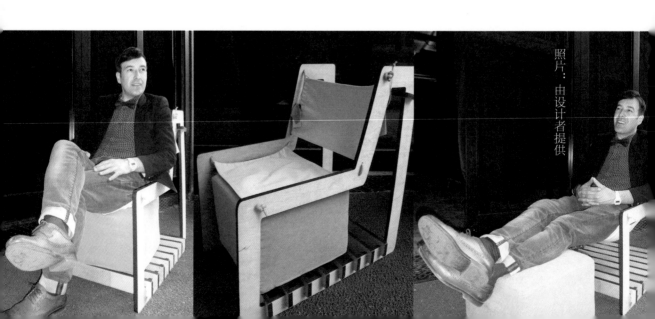

橱柜把手

设计者：莱拉尼·诺曼

　　光谱装饰公司（SpectraDécor）由西雅图艺术家莱拉尼·诺曼（Leilani Norman）于2002年创立，以她在金属和黏土方面的经验为基础，创造以设计为核心的装饰配件。到2004年，莱拉尼改变了工作室的方向，转向美国制造、环保材料和工艺。工作室两个环保旋钮和拉手系列——漂流和海滩卵石，以美国制造的金属底座和100%回收玻璃为特色。这两个系列的灵感来源于玻璃的简单美感的发现。漂流系列的半透明哑光色让人想起沙滩玻璃，随着时间的推移，波浪的作用使其变得柔和。海滩卵石模仿了在河流和海滩上发现的卵石的不透明颜色。光谱装饰公司的装饰配件全部是手工精心制作而成的。每个旋钮、拉手和手柄都由熟练的工匠精心打造。工匠品质和引人注目的视觉效果就是该工作室环保产品的真实写照。

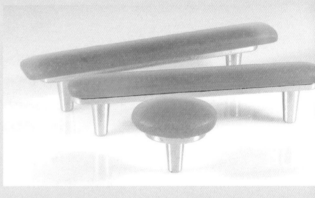

设计者：莱拉尼·诺曼（美国）

经销商：光谱装饰公司

开发年份：2012年

主体材料：再生玻璃

主要环保策略：再生材料，当地采购的材料

产品照片：由罗德里戈·德梅德罗斯（Rodrigo Demedeiros）提供

肖像照片：由尼扎尔·马尔（Nizar Mazar）提供

"自给自足"陶器

　　"自给自足"陶器是对单纯、简约和日常生活的致敬。该类产品包括一系列兼具功能性和耐用性的容器和灯具。每个产品都是由70％的面粉、20％的农业废弃物和10％的天然石灰石这些生物材料，在低温下自然干燥或烘烤而成的。这些产品通过选择不同的蔬菜、香料和植物根来获得颜色的差异，这些不同的蔬菜、香料和植物根，被干燥、煮沸或过滤，而后成为天然染料。该产品系列是一个共享信息和知识的开源系统。"自给自足"这个名字暗示了另一种生产商品的方式，在这种方式中，传承的知识被用来寻找可持续的、简单的解决方案。

设计者：Formafantasma工作室（Studio Formafantasma）（荷兰）

经销商：Formafantasma工作室

开发年份：2010年

主体材料：面粉，农业废弃物，石灰石，通过过滤和煮沸蔬菜及香料获得的颜料

主要环保策略：本地生产，低能耗

产品照片：由Formafantasma工作室提供

肖像照片：由德尔诺·莱加纳尼·西斯托（Delno Leganani Sisto）提供

"产品货场"系列家具

　　"产品货场"系列家具采用全新清晰的设计，提升了旧材料和过时材料的质感。通过与回收公司密切合作，家具和配件被保存和恢复。这一升级过程产生的每一个产品都是环保、可持续的，而构成产品的材料都在讲述着自己的故事。设计者的目的不在于隐藏那些划痕和使用的痕迹，而是让它们成为产品设计的重点。

设计者：萨沙·阿克曼（Sascha Akkermann）/萨沙·阿克曼工作室（德国）

经销商："产品货场"公司

开发年份：2013年

主体材料：回收的木头

主要环保策略：再生木材，100％手工制作

设计者：
萨沙·阿克曼

肖像照片：由坦贾·莱昂哈德（Tanja Leonhard）提供

产品照片：由设计者提供

奥塔基摇摆椅

　　该产品是设计者在大学期间的毕业设计的一部分。这款摇椅可以通过摇摆运动产生能量。从美学上讲，椅子的设计是运用现代手法对经典摇椅进行全新的诠释。金属和木材在优雅流畅的线条中相互结合，让这把椅子具有简约的外观，而发电机部分则被隐藏在摇椅内部。

设计者：
伊戈尔·吉特尔斯坦

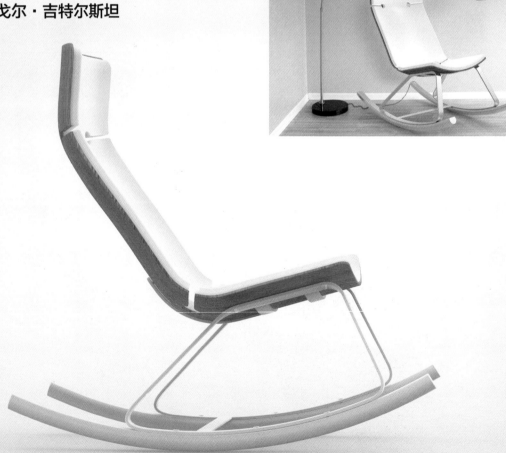

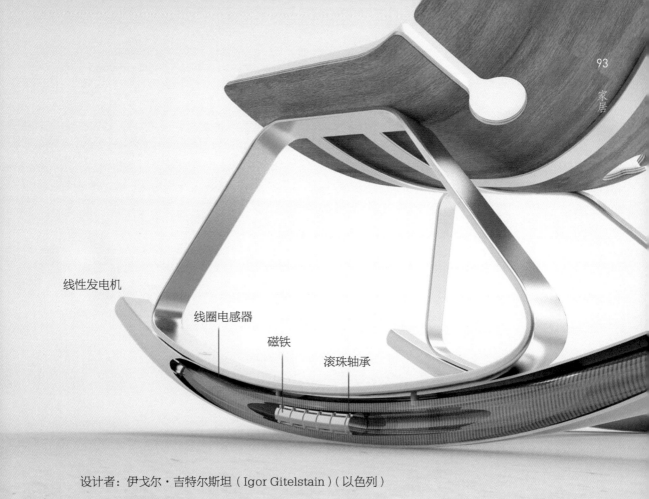

线性发电机

线圈电感器

磁铁

滚珠轴承

设计者：伊戈尔·吉特尔斯坦（Igor Gitelstain）（以色列）

开发年份：2012年

主体材料：层压木材，钢，磁铁，铜

主要环保策略：产生能源

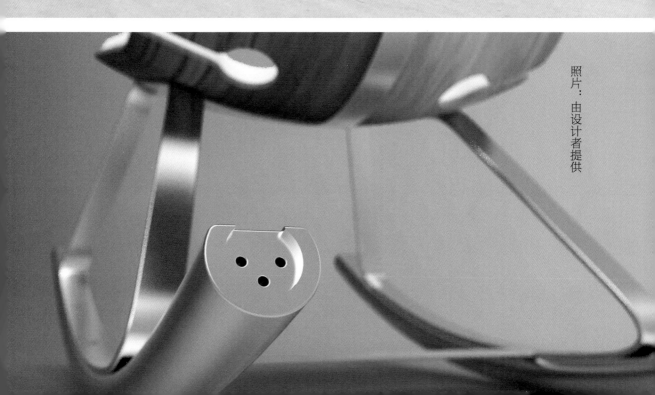

照片：由设计者提供

一个转变项目

　　"可持续藤条生产和供应转变"项目，是一个由欧盟委员会共同资助的世界自然基金会项目。该项目的总体目标是改善各级藤条生产系统——从当地社区的采收、预处理到加工和生产。该项目不鼓励单纯的原材料出口，转而鼓励藤条加工，以生产更有利可图的优质产品。这些设计的灵感来源于欧洲和南亚的传统木工工艺产品。藤制家具是用销钉接头技术连接制造的，而不是如钉子和螺丝一类的其他材料。该技术最大限度地减少了原材料的使用，形成一种简单大方的设计风格。

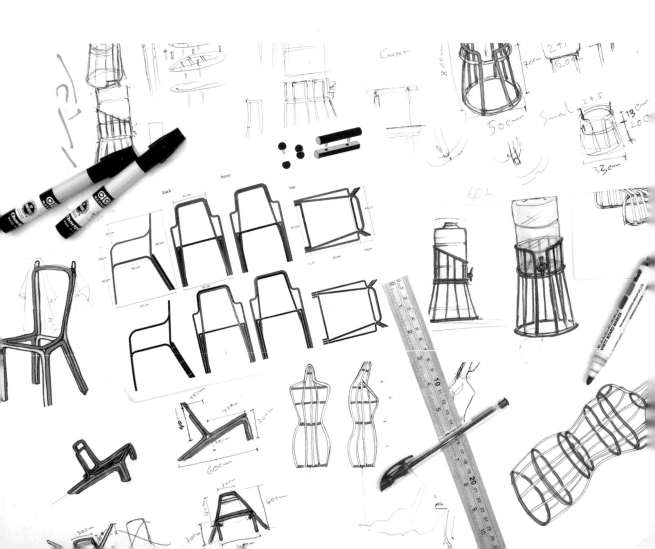

设计者:
佩尔·布罗隆德,
伊姆·连

设计者: 佩尔·布罗隆德 (Per Brolund), 伊姆·连 (Em Riem) (瑞典/柬埔寨)

经销商: 柬埔寨藤条协会 (RAC)

开发年份: 2011年

主体材料: 藤条

主要环保策略: 当地生产, 低能耗, 生产能力建构, 产品生命周期和物流, 清洁生产

照片: 由设计者提供

路标艺术

这是一个自发起项目，旨在将旧的路标和木材转变为当代艺术品。该艺术家在仓库里偶然发现了大量注定要被废弃的道路标志。因为以前是平面设计师，所以艺术家将图形敏感性应用到各种排列造型上，这些排列造型还突出了随着时间的推移在材料上累积下来的复杂的表面纹理。

设计者：布雷特·科埃略（Brett Coelho）
　　　　（澳大利亚）

经销商：布雷特·科埃略工作室

开发年份：2012年

主体材料：回收道路标志

主要环保策略：回收再利用材料

设计者：
布雷特·科埃略

照片：由设计者提供

生命盆

设计者：哈坎·古尔苏

为了减少在植物生长与栽培过程中对树木的消耗而设计的生命盆，是一款可持续的种植容器，由100%可回收和再利用材料组成。该产品由简单的弯曲金属片和木材切片制成，包装平整，易于组装。其特别便于在原木部分上栽培蘑菇，各个单元还可以堆叠起来以节省空间。一个标准的单位长度是一米，但每个单元也可以削减到所需的长度。对于希望减少碳排放的环保种植者来说，由废弃木料转化成的可持续并具有装饰性的产品，就是一种极简主义的完美产品。

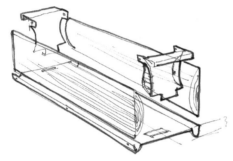

设计者：哈坎·古尔苏/诺比斯设计事务所（土耳其）

开发年份：2012年

主体材料：废木，金属片

主要环保策略：100% 可回收，低能耗，再生材料

照片：由设计者提供

植物生长器

设计者：菲利普·胡耶莱贝克

　　植物生长器的设计是为了让越来越多的城市居民能够在城市生活的空间限制下，高效地种植自己的农业产品。植物生长器是一个创新而实用的解决方案，其通过最大限度地接受阳光的照射，来保证非常经济的蔬菜和香草的生长速度，从而变革当前的室内水培市场。这是通过在窗户上安装生长装置来实现的，其创新的氧泵系统进一步增强了它的环保特性，因为它不需要使用电力来操控该系统。

设计者：菲利普·胡耶莱贝克（Philip Houiellebecq）（英国）

开发年份：2012年

主体材料：可回收塑料，木材

主要环保策略：可回收材料，当地生产，增强自给自足能力

照片：由设计者提供

设计者：曼尼·曼尼

猫头鹰吊灯

　　猫头鹰吊灯是一款智能吊灯，配有光传感器、节能 LED 灯泡以及适用于苹果、安卓和黑莓设备的应用程序，其还能用于任何可以通过浏览器联网的电子设备的网页界面。通过该界面，用户可以调整色温——从暖黄到冷白，还可以直接通过手持设备调整光的亮度。这款产品的智能环保系统将为用户提供实时的能耗读数。使用不同的配置文件和设置，用户可以创建一个新的配置文件或选择一个预置程序，并根据日常使用情况调整系统参数。

设计者：曼尼·曼尼（Mani Mani）/菲什特克设计工厂（Fishtnk Design Factory）（加拿大）

经销商：菲什特克设计工厂

开发年份：2012年

主体材料：LED灯，木材，包含铝配件的胶合板框架

主要环保策略：低能耗，环保能源监测系统，可重复使用组件，本地制造，FSC认证的材料

照片：由设计者提供

原木椅

　　这款椅子是用一段橡木原木做的。设计灵感来自原木加工时遗留下来的废木材。设计者们想出了一个方法来将这部分浪费的木材创造成一把花园座椅。它结合了两种座位选择：要么作为摇椅，要么作为脚凳。设计保留了材料固有的简单特性，只使用了基本的连接部件和附属配件。橡木原木的外层用简单的铁踏板连接在一起。每个位置都可以通过移动铁夹手动固定，而铁夹本身就是受木材工业中用于移动原木的工具启发而设计的。不使用时，椅子可以完全闭合起来。由于这款椅子是供户外使用的，因此闭合的状态正好也解决了冬季保管的问题。

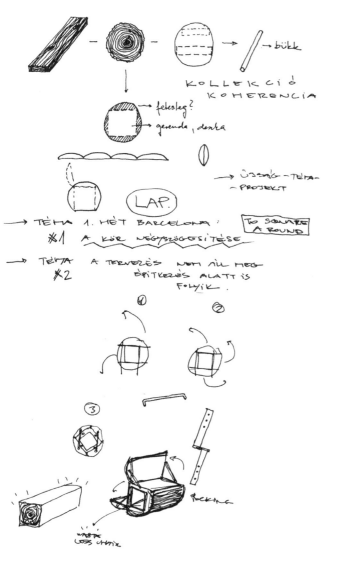

设计者：非舒适建筑工作坊

设计者：非舒适建筑工作坊（Architecture
　　　　Uncomfortable Workshop）
　　　　（匈牙利）

经销商：非舒适建筑工作坊

开发年份：2012年

主体材料：原木，铁

主要环保策略：本地生产，低能耗，天然
　　　　材料，100%可回收

照片：由丹尼尔·杜卡（Daniel Dulkai）提供

绿色设计（二）

旺达躺椅

设计者：尼可莱塔·萨维奥尼，
乔瓦尼·里沃尔塔

旺达是一款躺椅，由可回收纸板制成，并在座椅顶部安装了毛毡。侧面则用MDF漆面板完成。椅子的形状设计符合身体的曲线，舒适而均匀地支撑着重量。白色与棕色相结合，赋予椅子优雅自然的外观和柔和的特性，使其几乎可以融入任何生活环境。

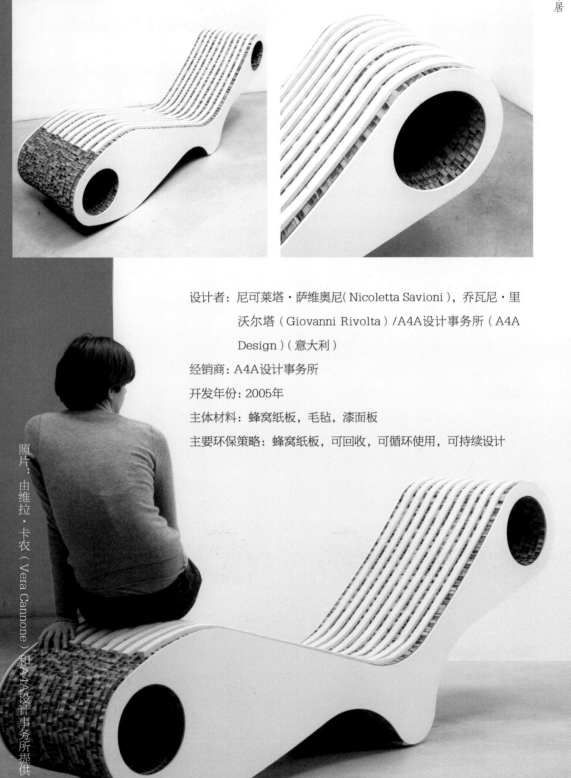

设计者：尼可莱塔·萨维奥尼（Nicoletta Savioni），乔瓦尼·里

沃尔塔（Giovanni Rivolta）/A4A设计事务所（A4A

Design）（意大利）

经销商：A4A设计事务所

开发年份：2005年

主体材料：蜂窝纸板，毛毡，漆面板

主要环保策略：蜂窝纸板，可回收，可循环使用，可持续设计

照片：由维拉·卡农（Vera Cannone）和A4A设计事务所提供

宠物树

设计者：哈坎·古尔苏

宠物树是由可重复使用的PET容器和回收塑料制成的垂直种植系统。该设计利用废弃的塑料瓶作为花盆，可以在一个小空间里种植多种植物。这一系统使用其树状的形式进行水循环和雨水收集，同时通过滴灌栽培植物。宠物树在使用材料、水和能源方面都减少了资源消耗，并且通过使用废弃塑料来保护自然。该产品以扁平化的封装套件提供给在城市生活的有机种植者一个优良的选项，其也可以作为模块化温室用于工业化农业生产。该设计在国际设计大奖和绿点奖中获得了城市可持续设计和农村可持续设计奖项。

设计者：哈坎·古尔苏 / 诺比斯设计事务所
（土耳其）

开发年份：2010年

主体材料：回收PET瓶，可循环塑料，不锈钢管

主要环保策略：PET瓶的再利用，再生材料，低能耗

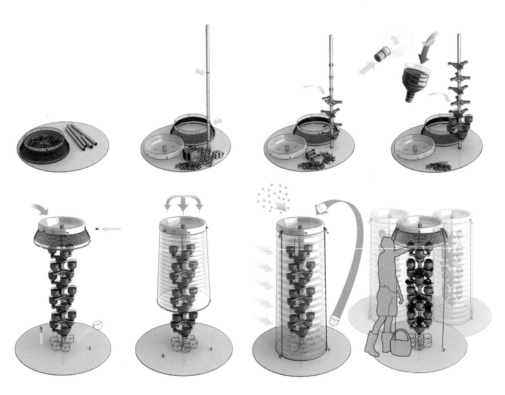

泥土方块

泥土方块是由生物质制成的体块集合，它们可以互相堆叠在一起形成各种结构。这些方块由咖啡豆、树皮或木屑等天然材料制作而成。这些原材料从不同地区和环境收集而来，使得每个方块都具有自己独特的外观。回收的原材料被干燥和弄碎后，与黏合剂（聚丙烯）混合，最后做成方块。泥土方块系列有两种不同的尺寸，小的方块主要由木屑、咖啡豆和树皮制成，而较大的方块则由普通木材和棕色或黑色的树皮制成。

设计者：秋山昌也

设计者：秋山昌也（Masaya Akiyama）／卡勒思公司（Colors）（日本）

经销商：卡勒思公司

开发年份：2011年

主体材料：木屑，咖啡豆，树皮

主要环保策略：生物质，再生材料，本地生产

照片：由中村章一郎（Shoichiro Nakamura）提供

WineHive模块化酒架

　　WineHive是由工作于费城的著名工业设计师约翰·保利克（John Paulick）设计的。保利克目前正在申请一个联锁节点设计的专利，这个设计可以使WineHive通过单一结构元素的重复组合，形成一个无限阵列的蜂窝结构。蜂窝结构背后的关键设计准则是120度关节系统，该系统比人造90度关节结构更能有效地分散重量负荷，同时还可以节约更多的材料。它还创建了模块化六边形，彼此完美地嵌套在一起。再结合扁平化包装运输和本地生产的结实耐用的可回收铝，你就拥有了一个非常"绿色环保"的葡萄酒架。

设计者：约翰·保利克设计事务所（美国）

经销商：WineHive公司

开发年份：2012年

主体材料：可回收铝

主要环保策略：可回收，扁平化包装运输，本地生产，耐用性

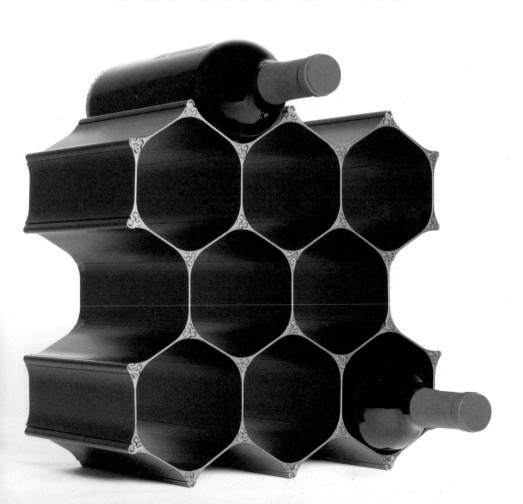

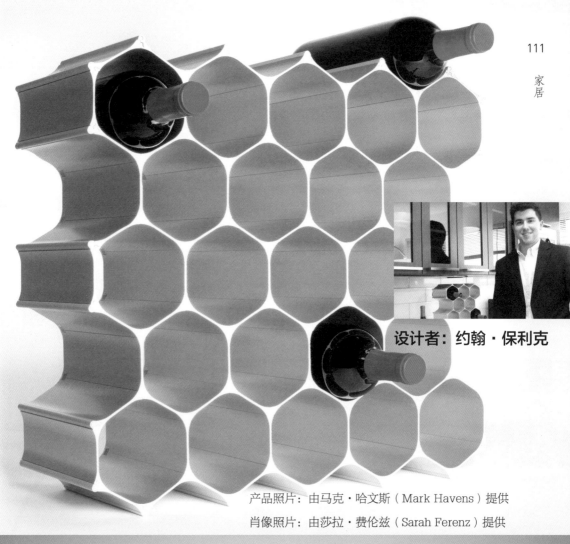

设计者：约翰·保利克

产品照片：由马克·哈文斯（Mark Havens）提供

肖像照片：由莎拉·费伦兹（Sarah Ferenz）提供

"三人行"沙发

在"三人行"这款产品中，设计者将一个不可回收的物品——旧冰箱，转换成了一张时髦的沙发。该设计利用了冰箱的原始形状，最大限度地减少了浪费。部分的精加工是使用了环保树脂和零挥发黑色漆完成的。原来放置冰箱灯的位置还增加了一个阅读灯。灯是由废弃的工业弹簧辊和一个灵活的柔性金属管制作而成的。冰箱安装在带有轮子的金属结构上，以确保其稳定性和机动性。最后，靠垫由废弃的PVC广告横幅和旧沙发的填充物制作而成。

设计者：变形设计工作室（Transfodesign）（西班牙）

经销商：变形设计工作室

开发年份：2011年

主体材料：废弃冰箱，废弃 PVC，广告横幅，泡沫胶垫，LED 灯，废弃工业弹簧辊，柔性金属管，轮子

主要环保策略：重复利用不可回收的废弃物，可回收，本地生产，经久耐用，可持续性

设计者：
变形设计工作室

照片：由设计者提供

酒桶桌

酒桶桌这个系列家具中的每一件产品都曾是一个结实的瑞士酒桶。这些桶已不再适用于葡萄酒的储存，但设计者发现，这些木材仍可很好地利用。带着对它们的关怀和关注，新的生命被注入这些古老的木材中，产生了一系列充满了历史和特色、惊喜而独特的家具。

设计者：沃尔特·阿姆林

设计者：沃尔特·阿姆林（Walter Amrhyn）（瑞士）

经销商：沃尔特木材创意公司（Walter's Wood Idea）

开发年份：2007年

主体材料：来自葡萄酒桶的橡木

主要环保策略：可回收材料，本地生产

产品照片：由沃尔特·阿姆林提供

肖像照片：由壹工作室（Studio One）提供

"休息一下"系列家具

"休息一下"系列家具包括一个扶手椅和一个两座沙发，其由回收来的和可回收的纸板制成，只须用胶水将这些材料拼接在一起即可。"休息一下"系列家具的目标场所是零售商场、活动场所和办公区域，因为它在宽敞的空间中可以发挥自己的优势，最大限度地利用其几何轮廓和场景营造的潜力。2012年9月的时装周期间，这款产品在米兰进行了展示。当时它在柏翠莎·佩佩展厅——位于历史悠久的曾经享有盛誉的邮政大楼里——的揭幕仪式上进行了预先展览。

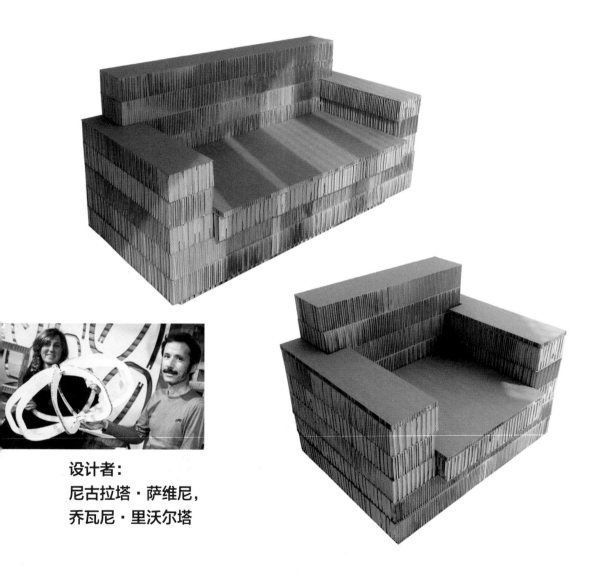

设计者：
尼古拉塔·萨维尼，
乔瓦尼·里沃尔塔

照片：由设计者提供

设计者：尼可莱塔·萨维奥尼，乔瓦尼·里沃尔塔，马克斯·斯特凡森
（Markùs Stefànsson）/ A4A设计事务所（意大利）

经销商：A4A设计事务所

开发年份：2012年

主体材料：回收的蜂窝纸板

主要环保策略：回收再利用，可再生，可持续设计

"峡谷"系列家具

受到美国大峡谷的鬼斧神工和无限岩层的启发，建筑师吉安卡罗·泽玛为全新的折纸家具品牌设计了这个对生态非常友好的家具系列。它包括由再生纸板制成的椅子、咖啡桌和灯具等不同产品。圆润而富有雕刻感的外形可以存储包、杂志和其他一些小物件。该系列家具以一种环境友好和创新的方式，装饰着最时尚前卫的室内空间。

设计者：
吉安卡罗·泽玛

设计者：吉安卡罗·泽玛设计团队（意大利）

经销商：折纸家具公司（Origami Furniture）

开发年份：2013年

主体材料：再生纸板

主要环保策略：再生材料

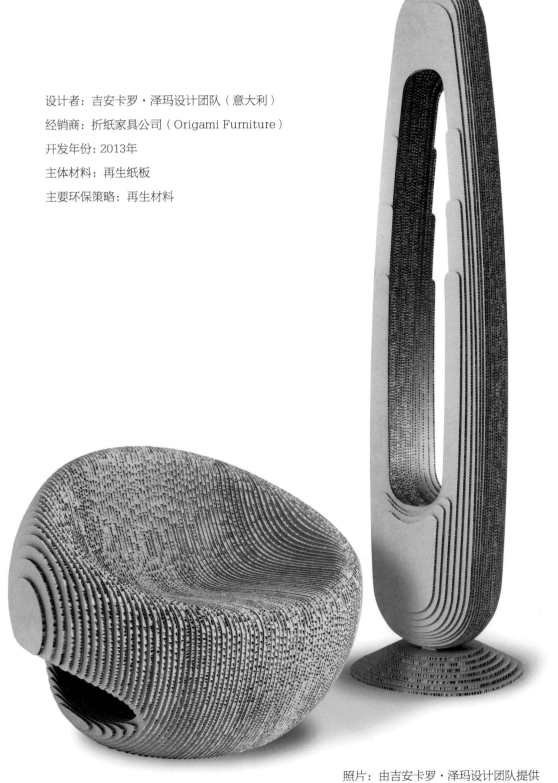

照片：由吉安卡罗·泽玛设计团队提供

立方体先生

　　立方体先生是一组木制人偶玩具，它们有一个共同的躯干和可互换的手臂、腿及头。因为内部磁铁的作用，这些部件可以自由组合变换，形成不同的形态。当不使用的时候，商店可以轻松地将玩偶的所有部件拆开并重新组成一个立方体。该产品是"十"独立展览项目的一部分，该项目展示了十位伦敦本土设计者对可持续设计概念的个人见解设计。

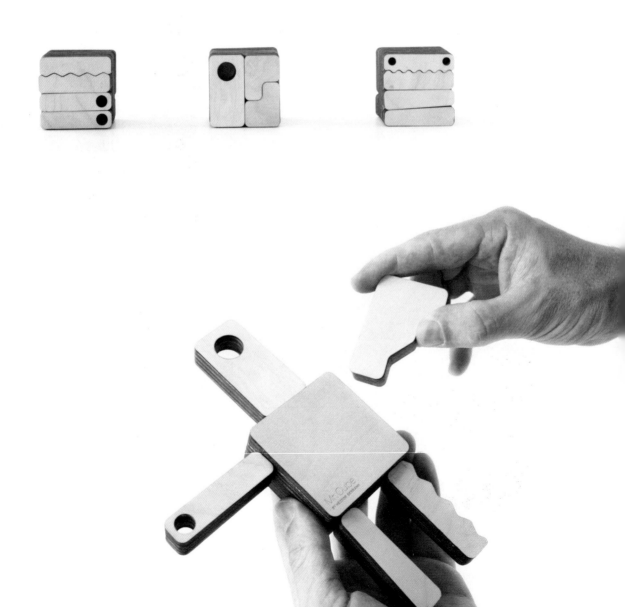

设计者：赫克托·塞拉诺

设计者：赫克托·塞拉诺（Héctor Serrano）（英国）

客户：无印良品

开发年份：2011年

主体材料：木材

主要环保策略：可持续材料

照片：由设计者提供

束缚镜

定制系列的束缚镜包含着许多不同的设计。手工的麻线包边，高压水流切割的镜面，该新系列的束缚镜彰显着一连串新的款式、材料和颜色。束缚手镜对原来只有麻线手柄的版本进行了升级。随着有色（如青铜色和灰色）镜面玻璃的推出，以及亮粉色和草绿色等新麻线颜色的出现，束缚镜也出现了一些有意思的变化。

设计者：
切尔西·格林，
詹姆斯·米诺拉

设计者：切尔西·格林（Chelsea
   Green），詹姆斯·米诺拉
   （James Minola）/ 葛兰公
   司（Grain）（美国）

经销商：葛兰公司

开发年份：2010年

主体材料：清晰的镜面玻璃，FSC认
   证桦木和麻线

照片：由本·布鲁迪 / www.benblood.com 提供

管状玩具

　　管状玩具是一系列的组装工具，包装也是产品的一部分，这样可以大大减少购买后丢弃的材料数量，以及传统包装所涉及的附加成本。制造每辆车需要的所有零件都装在一个标准纸管中，纸管既是包装材料，又是汽车、消防车、火车或拖拉机的主体。每个纸管都有预切槽和孔，用于放置车轮轴和其他部件。一张显示所有所需信息的纸条，如品牌、标志、产品名称和条形码，是唯一在购买后会被丢弃的部分。用于制造产品的所有材料都可以回收。这些车很容易组装，我们得承认孩子们常常喜欢玩产品的包装，就像喜欢玩真正的玩具一样。

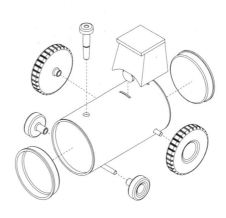

设计者：奥斯卡·迪亚兹（Oscar Diaz）（英国）

客户：NPW 公司

开发年份：2012年

主体材料：纸板，橡胶，竹子，低密度聚乙烯

主要环保策略：可回收与再利用材料

设计者：
奥斯卡·迪亚兹

照片：由NPW公司提供

"融合"系列餐具

为了制作这个餐具系列的原型，劳伦斯·范·维林根（Laurens van Wieringen）从工厂、玩具和废料场中收集了580千克废弃塑料，混合、熔化并制成自己所需的材料，一种全新的让人惊喜且充满活力的材料。每次生产，混合和熔化的材料都会在产品上留下不同的彩色印刷品一般的图案，就像地质彩图一样。通过这种融合的方式，劳伦斯·范·维林根创造了一系列令人兴奋的产品，包括各种尺寸的碗、搁物架、餐桌板和刀叉勺等。

**设计者：
劳伦斯·范·维林根**

设计者：劳伦斯·范·维林根（荷兰）

经销商：劳伦斯·范·维林根工作室（Studio Laurens van Wieringen）

开发年份：2009年

主体材料：再生聚丙烯

主要环保策略：再生材料，回收工业废料

照片：由设计者提供

坎特尔玻璃系列

　　这是范·艾克（Van Eijk）和范·德·鲁比（Van der Lubbe）设计的第一个不完美设计系列产品。这些产品是与危地马拉的不同车间一起合作开发的。这次合作的结果是由陶瓷、再生玻璃花瓶、手工编织绣花格子布和靠垫组成的一个美丽的产品系列。坎特尔玻璃系列由当地的工匠制作，所有物品都是手工吹制的，由再生玻璃制成。

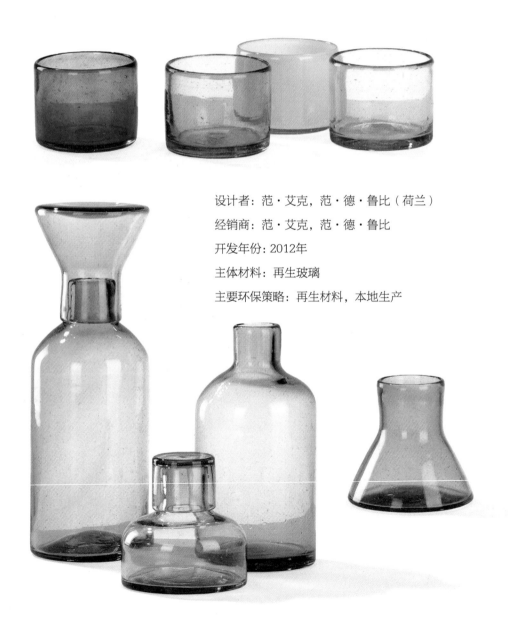

设计者：范·艾克，范·德·鲁比（荷兰）

经销商：范·艾克，范·德·鲁比

开发年份：2012年

主体材料：再生玻璃

主要环保策略：再生材料，本地生产

设计者:
范·德·鲁比，范·艾克

照片：由不完美设计提供

优质水

全世界每年有超过220亿个塑料水瓶被丢弃。设计者希望通过使自来水的水质和味道更好，鼓励人们停止购买瓶装水，从而减少这种浪费。自17世纪以来，备长炭在日本就一直被用作净水材料。它减少了氯的含量，使水含矿物质，同时平衡了酸碱度。设计者设计了一款瓶子，将未经加工的木炭固定在适当的位置，而不需要任何额外的部件。最简化的设计意味着更少的部件需要清洗，同时也展现了水与炭的美感。而原始木炭的展露也意味着它可以循环使用来延长寿命。

设计者：丹·布莱克（Dan Black），马
　　　　丁·布鲁姆（Martin Blum）/
　　　　black+blum工作室（英国）

经销商：black+blum工作室

开发年份：2012年

主体材料：共聚酯（不含BPA），软木，
　　　　硅，不锈钢，备长炭

主要环保策略：节能，可重复使用，耐用

照
片
：
由
设
计
者
提
供

设计者：
丹·布莱克，马丁·布鲁姆

"缝合"家具

"缝合"家具由特制的聚丙烯编织而成，裁剪成椅子和长凳的形状，缝合成型后用沙子填充，然后放入烤箱中加压。烘烤后，将沙子取出，形成中空、超强的聚丙烯结构，甚至缝合线都是聚丙烯。这一工艺过程也可以进行终端回收。该项目是与Droog公司、代尔夫特理工大学航空航天工程系、代尔夫特荷兰综合实验室以及位于荷兰斯涅克的兰克霍斯特工业科技公司共同合作完成的。

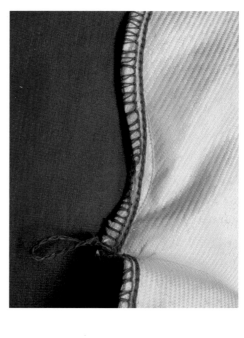

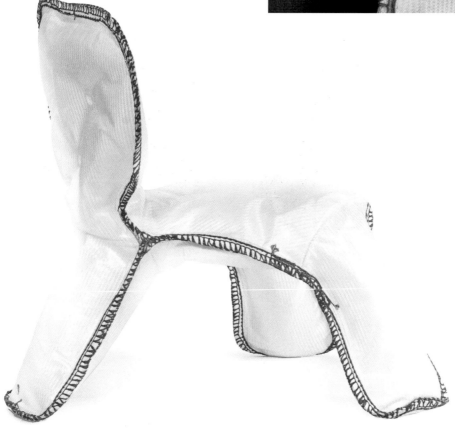

产品照片：由Droog公司和克里斯·卡贝尔工作室提供
肖像照片：由瑞秋·森德（Rachel Sender）提供

设计者：克里斯·卡贝尔

设计者：克里斯·卡贝尔（Chris Kabel）（荷兰）

经销商：克里斯·卡贝尔工作室（Studio Chris Kabel）

开发年份：2007年

主体材料：聚丙烯

主要环保策略：可回收，低能耗，轻型结构

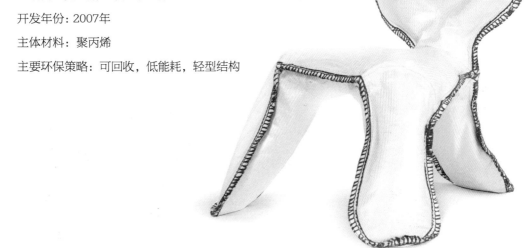

回收木材家具

　　这一系列的家具是用回收木材制成的，由气候和人类共同绘制与塑造。它是永恒的，既古老又创新，既源于过去又着眼于未来。木材来源广泛：破旧的房屋，古老的木桥，还有以前的物品。姆比恩（Mbiyen）提供了一种罕见的美，将过去和现在联系了起来。这就是印尼方言姆比恩的原意，代表过去或过去的时代。

设计者：克里斯纳·姆比恩（Krisna Mbiyen）

（印度尼西亚）

开发年份：2010年

主体材料：回收柚木，铁木

主要环保策略：回收利用，高度经久耐用，自

然美，现代设计，独家产品

设计者：克里斯纳·姆比恩

照片：由琳达·库苏姆（Linda Kusumo）提供

"否则"家具

"否则"家具提供了传统工艺技术的证明。其所用材料和作品本身都是高质量的。每一部分都被重新设计，并用历史装饰图案进行装饰，极具美感。图案和室内空间被赋予了一种新的和令人惊讶的色彩对比。其结果是独特的作品为现代生活空间赋予了新的个性。公司的名称则代表着生态可持续生产与社会参与。

设计者：帕特里齐亚·伯纳迪尼斯（Patrizia Bernardinis），丹尼尔·施奈德（Daniel Schneider）（瑞士）

经销商：帕特里齐亚·伯纳迪尼斯，丹尼尔·施奈德

开发年份：2010年

主体材料：木材，旧家具

主要环保策略：本地生产，耐用，升级再造家具，可持续，赋予旧家具以新生命，社会参与项目

设计者：帕特里齐亚·伯纳迪尼斯，丹尼尔·施奈德

产品照片：由温弗里德·海因兹（Winfried Heinze）、弗兰克·布拉泽（Frank Blaser）和丹尼尔·施奈德提供

肖像照片：由海因·施密特（Heiner Schmitt）提供

"安全"系列

　　艾里姆工作室（Elium Studio）继续着为Lexon进行的材料研究，并将新材料应用于大规模生产的消费品中。该项目涉及在小型消费电子设备上使用生物塑料和竹子，是对当今设计实践中日益提升的环境生态意识的回应："安全"系列使用完全可再生的能源和材料来开发生态设计部件。

设计者：皮埃尔·加纳（Pierre Garner），伊莉
　　　　丝·伯蒂尔（Elise Berthier）/艾里姆
　　　　工作室（法国）

经销商：Lexon公司

开发年份：2011年

主体材料：竹子，生物塑料

主要环保策略：可再生材料，可再生能源

照片：由设计者提供

侵蚀凳

　　侵蚀系列的灵感来源于自然侵蚀过程——固体物质被外因侵蚀的过程。这不仅会改变固态物体的质量，还会导致曲面和空洞的形成，从而适用于不同类型的居住环境。设计者通过这一系列产品来表达这一概念：软木表面被侵蚀，形成符合人体工学的座面或储物空间。软木之所以被选中，是因为它具有可持续性且环保。可持续获得的软木是在不破坏或不砍伐树木的情况下收获的。它是可生物降解和可再生的，并且具有低碳排放的优点。

设计者：亚历山德罗·伊索拉（Alessandro Isola），
　　　　苏普里雅·曼卡德（Supriya Mankad）/I M
　　　　实验室（英国）

经销商：I M实验室（I M Lab）

开发年份：2013年

主体材料：软木，毛毡

主要环保策略：可持续，环保，可生物降解，可再生，
　　　　　　　低碳排放，可持续材料，本地生产

设计者：亚历山德罗·伊索拉，苏普里雅·曼卡德

照片：由马尔科·阿尔贝里·奥伯摄影工作室（Studio Fotografico Marco Alberi Auber）提供

瓶盖软凳与背袋

这些产品将各种不同瓶子的瓶盖进行再利用。瓶盖有多种颜色和尺寸，是制作生动多彩的产品的绝佳材料。瓶盖极难回收，但它们仍然被用来密封各种饮料瓶——每天有数百万个瓶盖被使用和丢弃。凳子和背袋是为2008年雅典绿色设计节特制的。设计者也用这种方法制作了购物车、珠宝和玩具等不同产品。这些产品的生产过程非常简单和机械，使得消费者自己就可以很轻易地再次利用这些瓶盖。

设计者：
阿萨纳西奥斯·巴巴利斯

设计者：阿萨纳西奥斯·巴巴利斯
（Athanasios Babalis）
（希腊）

经销商：阿萨纳西奥斯·巴巴利斯

开发年份：2008年

主体材料：回收的瓶盖，钓鱼线

主要环保策略：回收材料，再利用，本
地生产，可持续设计

照片：由安耶洛斯·扎玛勒斯（Angelos Zymaras）提供

肖像：由埃马努伊尔·帕帕多普洛斯（Emmanouil Papadopoulos）提供

"组合"系列

这一系列的所有餐具均由环保和经认证的材料制成。这些独特的产品用竹筒以及包含竹纤维和稻壳的可塑生物降解物质混合制作。该系列产品可提供11种不同的颜色选择，整套产品包括两个大碗，一个内部分隔的点心盒，一个茶壶，一些盘子、杯子和杯垫。这个套装可以整体购买，也可以部分购买。

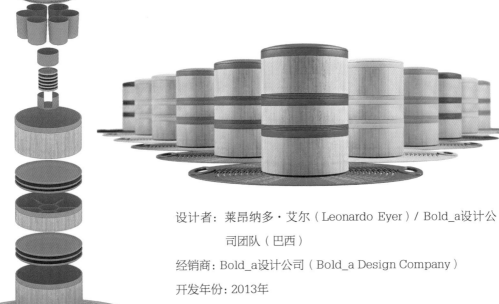

设计者：莱昂纳多·艾尔（Leonardo Eyer）/ Bold_a设计公司团队（巴西）

经销商：Bold_a设计公司（Bold_a Design Company）

开发年份：2013年

主体材料：竹筒，含竹纤维和稻壳的可塑生物降解物质

主要环保策略：可持续材料

设计者：
莱昂纳多·艾尔

照片：由设计者提供

"生长"系列花瓶

　　"生长"系列花瓶是陶瓷花瓶与天然枝条的组合。它是一组将天然发掘的元素与手工制作的陶器完美结合的容器。设计者使用当地回收材料制作花瓶，再结合低能耗生产技术以及捡拾来的材料，制作成一个优雅和环保的产品系列。

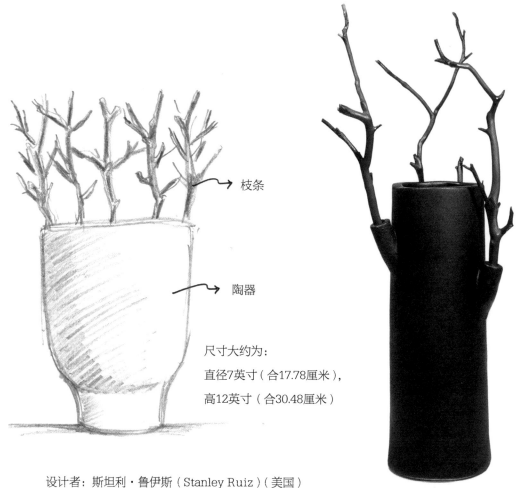

枝条

陶器

尺寸大约为：
直径7英寸（合17.78厘米），
高12英寸（合30.48厘米）

设计者：斯坦利·鲁伊斯（Stanley Ruiz）（美国）

制造商：斯坦利·鲁伊斯

开发年份：2009年

主体材料：陶器，天然树枝

主要环保策略：手工制作，本地生产，回收材料，捡拾来的材料，低能耗生产

设计者:
斯坦利·鲁伊斯

产品照片:由斯坦利·鲁伊斯提供

肖像照片:由达勒·贾巴加特（Dale Jabagat）提供

照明

提供人工照明这一主题给了设计者展示创新的绿色设计理念的机会。如果不在这里，那么还能在哪里，能够证明对自然资源负责任的使用并不意味着必须放弃美丽和风格？在当今社会被广泛使用的节能灯和LED可满足现代环保生活。太阳能如今也已经被广泛使用：阳光在可充电电池中被储存为能量，然后在需要的时候，用来提供人造光源。这样就形成了一个独立的光源库，白天充电，点亮夜晚。

然而，传统的绿色生态生产工艺也起着重要的作用：设计者思索着什么材料是可持续的，什么可以重复使用，如何用尽可能生态环保的方式包装运输，甚至使用环保的胶水、丝线等。灯罩由回收来的老旧物品甚或工业废物制成。由此生产出的产品非常独特，而且在任何方面都和传统产品不同，因为它的功能改变非常大胆激进。

"废弃"物质开始它们的第二次生命，其

功能与第一次生命甚至完全无关。本章中展示的许多设计都是真正的光雕塑，受早期经典照明形式，如枝形吊灯的影响。其他的，像兰波尼灯具，在其新功能中保留了旧产品的魅力。这些产品模型让传统样式变成了优雅的新潮流，展示了正确使用能源和资源的方式。

纳米树叶

这种LED灯泡每瓦可产生可观的133流明，并且无需散热器——这是LED灯泡一个前所未有的成就。它的高流明输出远远超过了前一年美国能源部节能照明奖得主每瓦93.4流明的成就。纳米树叶的使用寿命约为3万小时。LED直接连接到印刷电路板上并折叠成独特的形状。这种有点非常规的设计最大限度地提高了能源效率，减少了热量输出，并创造了一个全方位立体的灯泡，使光在各个方向上可以均匀分布。

设计者：
吉米·朱，
汤姆·罗丁格，
克里斯蒂安·严

设计者：汤姆·罗丁格（Tom Rodinqer），吉米·朱
（Gimmy Chu），克里斯蒂安·严（Christian
Yan）/纳米树叶（中国/美国）

经销商：纳米格子有限公司（NanoGrid Ltd.）

开发年份：2013年

主体材料：印刷电路板

主要环保策略：节能，不含水银

照片：由设计者提供

双极吊灯

这个双极吊灯是Vitro系列的一部分，它是向玻璃器具行业的美丽和兼收并蓄的致敬。每件产品都是在加拿大蒙特利尔手工精心制作的，使用的是捐赠或从当地社区经营的二手商店得来并经过升级改造的玻璃制品。双极吊灯由两个没有底座的酒杯或笛形香槟杯制成，阳极氧化铝环在中间包裹着一条LED灯条。虽然持久且节能，但只要拧开环的顶部，LED灯条就可以被取下并替换掉。灯的形状、颜色和大小各不相同，而杯子最初的底座被用来制作陀螺，没有任何的浪费。Vitro系列是被拒绝的、过时的和被损坏的事物的重生。

设计者：塔特·超

设计者：塔特·超（Tat Chao）

经销商：塔特·超

开发年份：2012年

主体材料：升级再造的玻璃器具，阳极氧化铝

主要环保策略：升级再造材料，当地材料，手工制作，
低能耗，当地生产

照片：由设计者提供

萤火虫灯

　　尽管冬季白日短暂而夜晚漫长，但太阳仍然是人类最强大的能量来源。萤火虫灯唯一需要的能源就是太阳。这个灯可用作桌灯或落地灯，也可放置在开放空间内。光伏电池位于三个可调节臂的外侧。用户可以根据他们的心情或需要来改变灯的形状。整个概念的灵感来自萤火虫，它以在黑暗中发光的能力而闻名。就像生物需要阳光来生存一样，萤火虫灯需要太阳才能发光。

设计者：琳卡·捷列沃（Lenka Czereova）（斯洛伐克）

开发年份：2008年

主体材料：硬铝，铝，LED

主要环保策略：低能耗

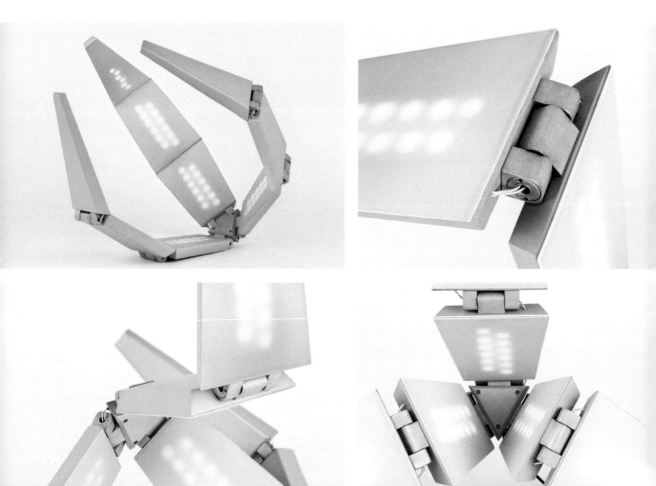

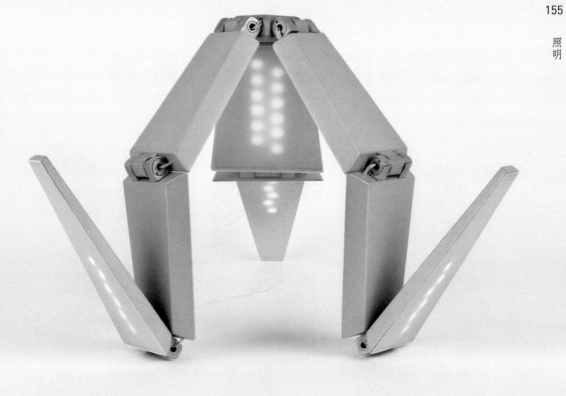

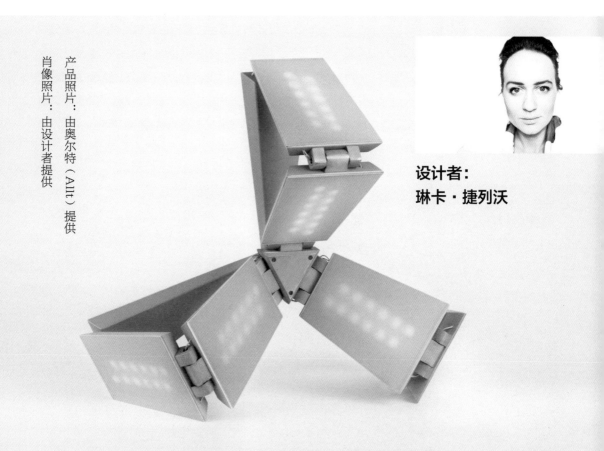

产品照片：由奥尔特（Allt）提供

肖像照片：由设计者提供

设计者：
琳卡·捷列沃

艾斯特拉系列室内陈设

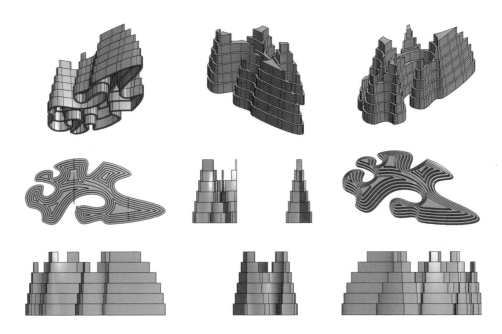

　　斯蒂芬·沙欣（Stephen Shaheen）设计的艾斯特拉系列主要包括由缟玛瑙制成的动态雕刻室内陈设。被切割成一厘米宽的艾斯特拉是一款多功能的产品，可以悬挂在天花板上，也可以放在地板上作为石笋灯具，甚至可以用作桌子底座。为了避免浪费时间雕刻一整块石头，沙欣设计的艾斯特拉由小缟玛瑙切割而成，采用先进的叠合和切割技术，最终呈现不同的造型。这些都是轻量级的，强调了半透明石头的自然特性和美丽。这些产品都采用了高效节能型LED进行照明。

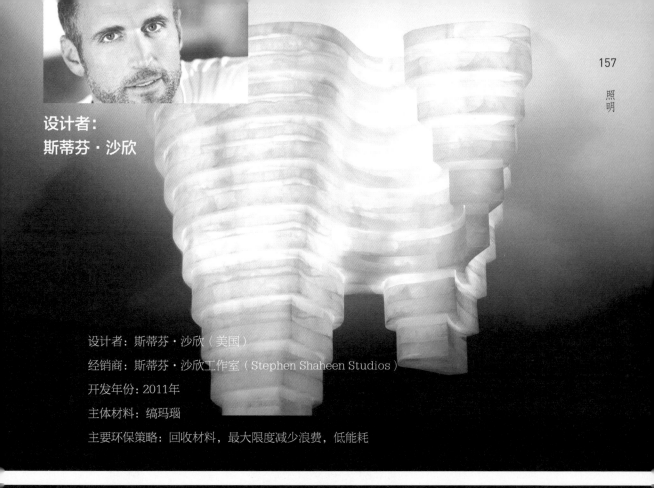

设计者：
斯蒂芬·沙欣

设计者：斯蒂芬·沙欣（美国）

经销商：斯蒂芬·沙欣工作室（Stephen Shaheen Studios）

开发年份：2011年

主体材料：缟玛瑙

主要环保策略：回收材料，最大限度减少浪费，低能耗

产品照片：由斯蒂芬·沙欣提供

肖像照片：由肯特·米勒（Kent Miller）提供

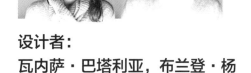

挤压灯

设计者：

瓦内萨·巴塔利亚，布兰登·杨

　　大型挤压落地灯和小型挤压台灯由挤压
过的塑料饮料瓶制成，这些瓶子组成了雕塑
般的灯座。这个有趣的设计鼓励了废物回收
行为，促使消费者重新审视乍一看似乎只是
垃圾的物品，思考垃圾应该如何得到更充分
的利用。这些灯有各种颜色，包括红色、金
色和黑色，并在伦敦设计周期间展出。

设计者：瓦内萨·巴塔利亚（Vanessa Battaglia），布

　　兰登·杨（Brendan Young）/塑造工作室

　　（Studiomold）（英国）

开发年份：2007年

主体材料：挤压过的塑料饮料瓶

主要环保策略：升级再造实践

照
片
：
由
塑
造
工
作
室
提
供

维基灯具

灯具是家庭中最受欢迎的元素之一。它是一个极其重要的方便我们日常生活的光源。如果一盏灯不仅是一种光源，还是一种可以用来种植食物的资源呢？如今，较大城市里的家庭大多被高层建筑包围，最糟糕的情况则是被摩天大楼包围，而这些建筑阻挡了宝贵的阳光进入洋房和公寓。于是设计者提出了解决这个问题的想法。这款维基吊灯使用了一种特殊的光线，可以增加蓝光的辐射。得益于维基灯具，你可以享受种植小型可食用植物的乐趣，或者是在缺乏自然光线的地方享受自然。

设计者：乔斯·罗德里戈·德·拉·奥·坎波斯（José Rodrigo de la O Campos）（墨西哥）

开发年份：2012年

主体材料：铜，木，硅胶

主要环保策略：促进城市园艺种植

设计者：乔斯·罗德里戈·德·拉·奥·坎波斯

照片：由乔斯·罗德里戈·德·拉·奥·坎波斯、亚历安德罗·卡布雷拉（Alejandro Cabrera）和墨西哥马加工作室（Maga Studios Mexico）提供

兰波尼灯具

　　这个多样化的灯具系列是由回收的摩托车部件制成的，非常适合对摩托车或复古设计感兴趣的人。这些灯具由意大利艺术家莫里齐奥·兰波尼·莱奥帕迪（Maurizio Lamponi Leopardi）制作，可以赋予任何空间一种独特和时尚的个性。由于灯具由多种多样的部件和颜色组成，因此每一件都是独一无二的。

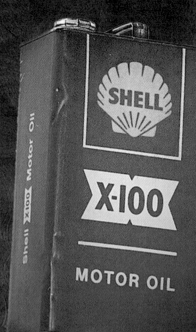

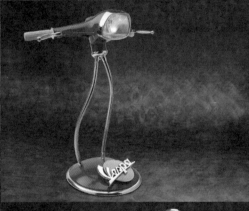

设计者：莫里齐奥·兰波尼·莱奥帕迪
　　　　（意大利）
开发年份：1988—2013年
主体材料：回收利用的摩托车零件
主要环保策略：使用再生材料

设计者：莫里齐奥·兰波尼·莱奥帕迪

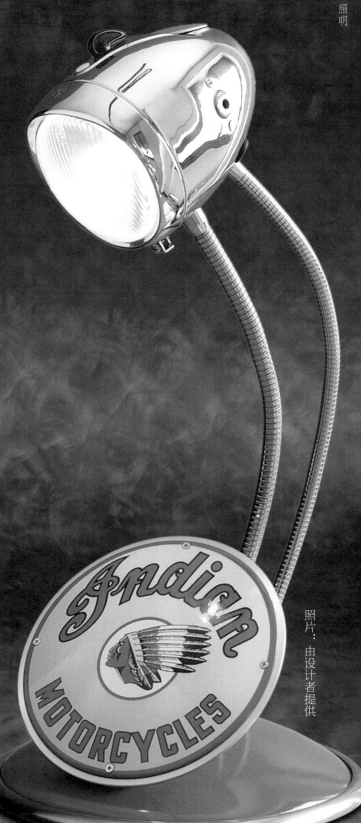

照片：由设计者提供

Utrem Lux系列灯具

　　在德格罗斯设计与创新工作室（Degross Design & Innovation），设计者们注重效能，最大限度地使用原材料，减少浪费。当设计者们在工作室后面发现一个装满废弃玻璃瓶的垃圾桶时，他们决定尝试使用这些玻璃瓶。设计者们用玻璃做实验，直到找到一种在不损坏它的前提下分裂它的方法。他们把旧玻璃瓶和附近一个木材场捐赠的木料结合起来。这个实验的成果是Utrem Lux，一种由升级改造过的玻璃瓶和多余木料制成的灯具。该系列于2012年9月伦敦设计周首次推出。

设计者：阿隆·格罗斯（Alon Gross）

设计者：德格罗斯设计与创新工作室（英国）

经销商：德格罗斯设计与创新工作室

开发年份：2012年

主体材料：非洲楝木，重复使用的琥珀色玻璃瓶

主要环保策略：回收材料

肖像照片：由萨布里纳·格罗斯（Sabrina Gross）提供

产品照片：由亚历山大·达夫纳（Alexander Duffner）提供

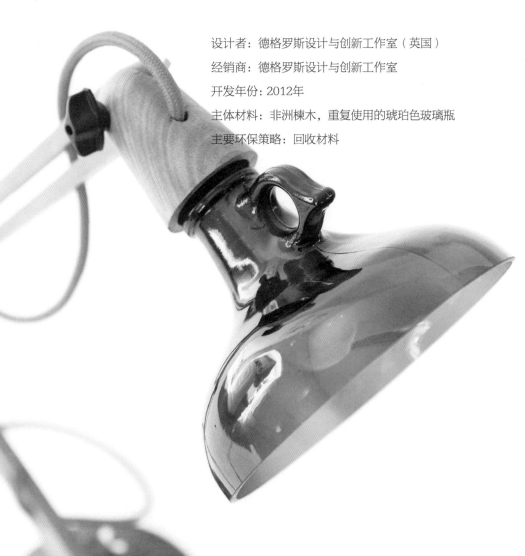

"西部垃圾"玻璃器具

"西部垃圾"（Western Trash）是一个具有柏林灵魂的照明和玻璃器具设计。设计者将回收瓶制作成了高品质的产品。从无到有，他们挑战着人们对废弃物品的不同看法。该项目的目的是创造优质的玻璃器具，同时解决垃圾填埋与污染问题。这些产品都是纯手工制作的，这意味着没有两个产品是相同的。每个产品都是个人艺术品，灵感来自柏林的创造力。"西部垃圾"具有可持续性，100％本地回收材料，没有废弃物。

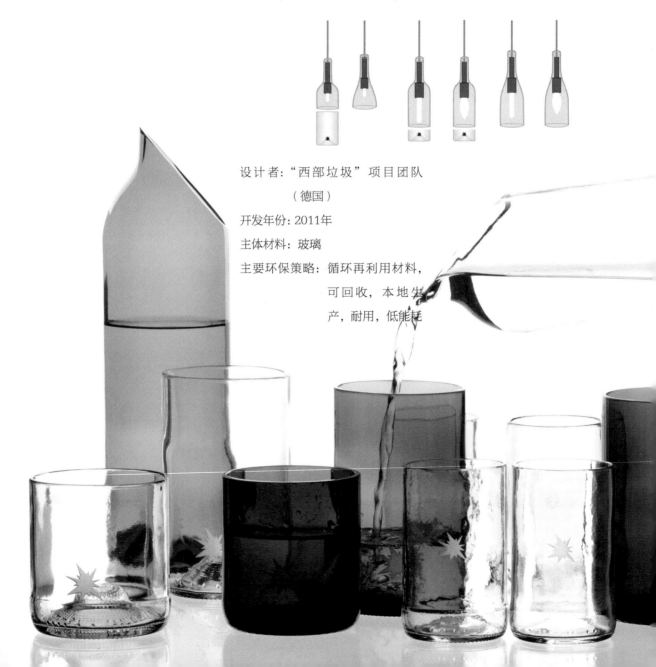

设计者："西部垃圾"项目团队

（德国）

开发年份：2011年

主体材料：玻璃

主要环保策略：循环再利用材料，

可回收，本地生

产，耐用，低能耗

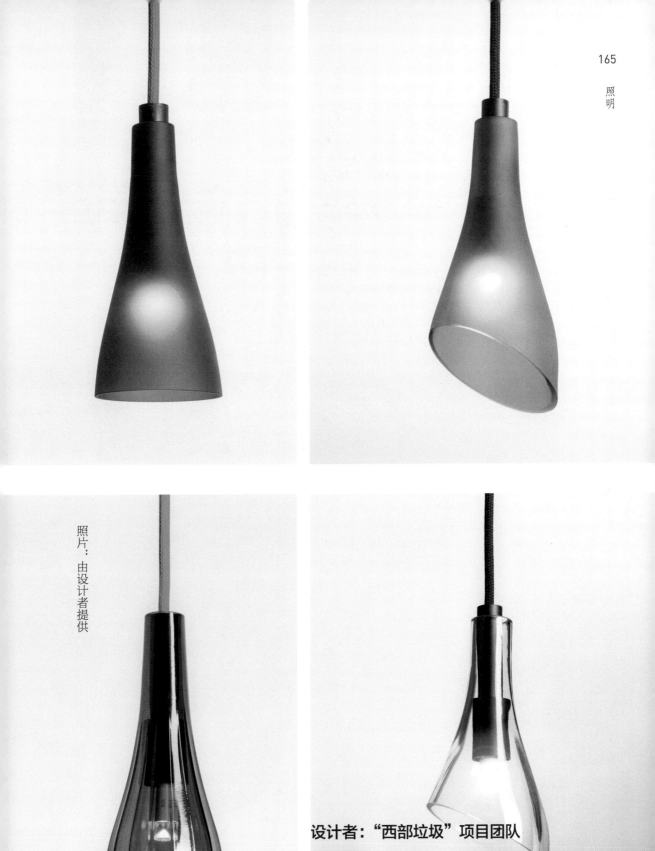

照片：由设计者提供

设计者："西部垃圾"项目团队

燃烧灯

设计者：科琳·乔丹

燃烧灯是一盏会对周围的世界做出反应的灯。它由回收材料和新材料组合而成。这盏灯采用太阳能为两盏充电灯的小电池充电。内部电路含有一个麦克风，可以将其周围输入的声音转换为输出，增强灯泡的亮度。随着灯周围音量的增大，灯的亮度也会随之增加。

设计者：科琳·乔丹（Colleen Jordan）（美国）

开发年份：2013年

主体材料：回收的玻璃，LED，太阳能电池板，可
　　　　　充电电池，木材，回收的自行车辐条

主要环保策略：回收的材料，低能耗，太阳能，材
　　　　　　　料再利用

照片：由设计者提供

"慈悲的品质"雕塑

"慈悲的品质"是一个五米长的悬浮雕塑，由俄亥俄州哥伦布市的河流中清理出来的1000个塑料瓶制成。它利用太阳能光导纤维，在太阳下山后，逐渐发光和转变色温。"慈悲的品质"是艺术家在富兰克林公园音乐学院和植物园居住期间创作的，并与她2012/2013年的展览"牺牲+幸福"（Sacrifice + Bliss）一同展出。音乐学院和艺术家共同投资创作了这个作品，目的是提升人们对塑料污染的意识，并帮助清洁我们最宝贵的共享资源——水。该作品拍卖所得将用于继续清理河流、海洋和水道。

设计者：奥罗拉·罗布森（Aurora Robson）/漩涡计划（Project Vortex）（美国）

经销商：奥罗拉·罗布森/漩涡计划

开发年份：2012年

主体材料：聚对苯二甲酸乙二醇酯（塑料碎片/污染），太阳能光纤

主要环保策略：拦截垃圾流

照片：由马歇尔·科尔斯（Marshall Coles）提供

伊鲁米照明

设计者：伊鲁米有限公司

　　伊鲁米（ilumi™）为你的生活带来了节能照明——通过一个方便的移动应用程序，你可以完全通过无线控制来调整、编程和智能化你的灯光的颜色与亮度。正在申请专利的蓝牙支持的多色LED灯创造了令人惊叹的照明体验，不仅节约了成本，还为你提供了一种先进的照明控制系统，就像更换灯泡一样简单。伊鲁米目前有两种尺寸，一种是大型PAR30，另一种是小型A21。伊鲁米凭借颜色的灵活性及强大的无线控制和编程，非常适合家庭或商业场所，如餐厅、酒店、酒吧、共享空间、办公室和健康中心。丰富的照明体验包括模拟日出、昼夜节奏照明、音乐同步照明、度假安全、近距离照明等等。

设计者：伊鲁米（美国）

经销商：伊鲁米

开发年份：2013年

主要环保策略：高效LED和照明智能化，
　　　　　　　每个伊鲁米都符合RoHS
　　　　　　　标准，可持续使用长达
　　　　　　　20年

照片：由马特・伊根（Matt Egan）提供

"旋转木马"灯

"旋转木马"灯使用当地公司的工业废料来创造产品，这样可以最好地利用材料的固有特性。资源的不一致是设计过程的起点，最终产品的设计则需要因材料而宜。这个项目是由设计团队、生产商及工匠合作完成的。这些设计者还与当地的生产商合作，后者将工业废料交予他们处理。

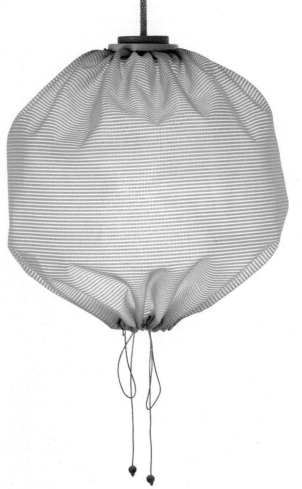

设计者：
克尔斯丁·西尔万，
萨拉·丹尼尔森，
詹妮·斯特凡斯多特

产品照片：由亨德里克·齐特勒（Hendrik Zeitler）提供

肖像照片：由伊拉尔·冈尼拉·佩尔松（Ilar Gunilla Persson）提供

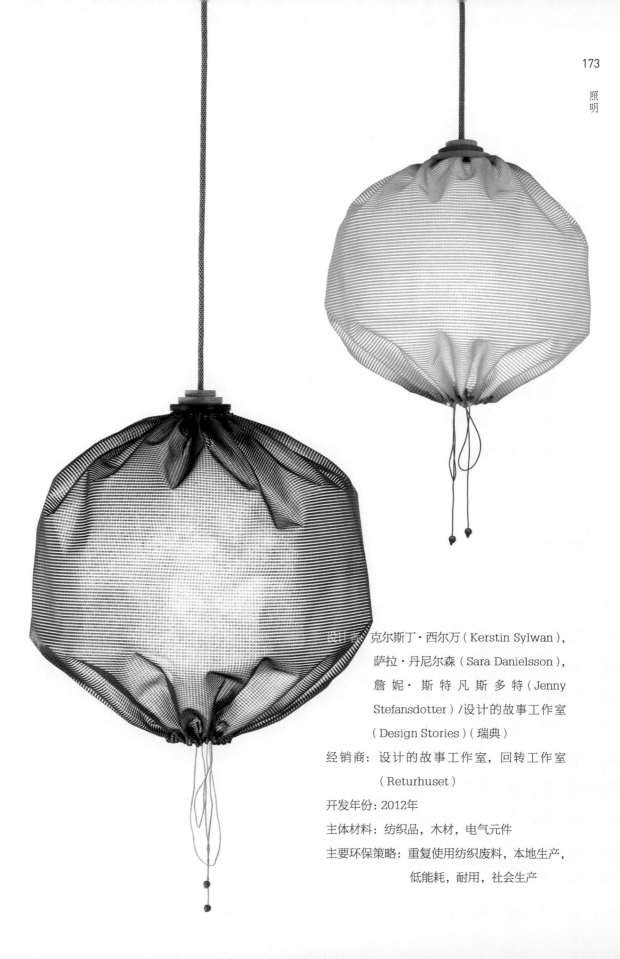

克尔斯丁·西尔万（Kerstin Sylwan），
萨拉·丹尼尔森（Sara Danielsson），
詹妮·斯特凡斯多特（Jenny
Stefansdotter）/设计的故事工作室
（Design Stories）（瑞典）

经销商：设计的故事工作室，回转工作室
（Returhuset）

开发年份：2012年

主体材料：纺织品，木材，电气元件

主要环保策略：重复使用纺织废料，本地生产，
低能耗，耐用，社会生产

PassaCabos软木灯

PassaCabos软木灯是一款采用环保且传统的材料制成的创新设计产品。其所属项目旨在探索日常生活中物品与动物和人之间的关系。设计者的灵感来自一个关于雪貂的故事：雪貂经过训练可以在管道中传送电缆。葡萄牙软木被选为主要材料，因为它是100%纯天然的，可生物降解，非常环保。

设计者：
安德烈·瓦尔里奥

设计者：安德烈·瓦尔里奥（André Valério）
（葡萄牙）

经销商：豌豆创意有限公司（Ervilha Criativa, Lda）

开发年份：2011年

主体材料：软木，亚麻电源线

主要环保策略：可回收，可持续材料，本地生产

产品照片：由拉奎尔·阿布鲁（Raquel Abreu）和西尔维亚·杜瓦蒂（Silvia Duarte）提供

肖像照片：由爱德华达·阿布兰特什（Eduarda Abrantes）提供

低因咖啡烛台

这些简约而优雅的烛台是用从咖啡渣中提取的新型专利材料——低因咖啡制成的。该项目旨在引发人们对日常浪费行为的思考与讨论。咖啡渣是完美的材料，因为它们易于识别并且可以大量供应。这种新型材料是一个需要耐心和奉献的长期实验的成果。这个产品完全由手工制成，其将咖啡渣与一种天然黏合物质混合，然后进行加压处理成型。

设计者：
劳尔·拉里·普拉

照片：由劳尔·拉里和莱安德罗·加尔卡（Leandro García）提供

设计者：劳尔·拉里·普拉（西班牙）

经销商：劳尔·拉里·普拉设计实验室

开发年份：2013年

主体材料：低因咖啡（从咖啡渣中提取的新材料）

主要环保策略：再生，手工，可持续，简单，精华，有
　　　　　　　利用价值的废弃物，当地资源，可持续
　　　　　　　材料，本地生产

公共产品

本章致力于公共空间的绿色设计，并展示了街区公共设施如何为更好的环境做出贡献的例子。这一章会特别关注交通工具，如自行车、摩托车或汽车等。无数设计者将注意力集中在开发环保生态的交通工具上。自行车的设计已经简化为最基本的设计，使它们更轻，并且通常是可折叠的形式。这些设计正变得越来越广泛，使得更多人使用它们。带电动马达的自行车和踏板车也面向更广阔的市场。虽然它们比传统的踏板自行车消耗了更多的能源，但相较于使用汽油的交通工具，已是非常"绿色"。

当涉及电动交通工具时，不同版本产品的运输效率显然存在一些差异。更紧凑的设计——在交通拥挤的市中心，无论是在静止或是移动的交通中——是一个重要的"绿色环

PU

保"因素。更多的时候，就像这本书中包含的其他产品一样，设计者们关注的是能源资源是否可再生。除了电动汽车和自行车，现在还有太阳能飞机和船。

电动汽车应该是时髦、简约且十分现代的，这样才能吸引多元化和开放的消费者群体接受并使用它。而目前最大的为创新所吸引的群体，也是电动汽车的试验者和初期使用者。

本书中没有收录来自知名经销商的现有车型，这些经销商每半年就能或必须推出一款解决环境影响问题的新产品。汽车的生态正确性已经成为一个重要的成功因素和一个有影响力的广告口号，但那些汽车经销商所迈出的前进步伐往往很小，很大程度上是因为决定因素是更新而不是革新。

阳光动力

　　2003年，一位梦想家和一位企业家，伯特兰·皮卡德（Bertrand Piccard）和安德烈·博尔施伯格（André Borschberg）发起了一个项目——开发世界上第一架能够日夜飞行的太阳能飞机。七年后，也就是2010年，他们的愿景变为现实：阳光动力公司（Solar Impulse）的HB-SIA原型仅由太阳能驱动成功飞行26小时。建造飞机需要优化新技术和现有技术，同时促使能源消耗达到大幅降低的极限。这是一项科学创新举措，同时也传达了一个消息：通过创新，且在不减缓经济增长和流动性的前提下，可以找到新能源。第二代飞机目前正在筹建中，并将尝试前所未有的挑战，即在2015年完成严格的太阳能环球旅行。

照片：由琼·内维尔德（Jean Revillard）、弗雷德·梅尔兹（Fred Merz）和阳光动力公司提供

设计者：
安德烈·博尔施伯格，
伯特兰·皮卡德

设计者：伯特兰·皮卡德，安德烈·博尔施伯格/阳光动力团队（Solar Impulse Team）（瑞士）

经销商：阳光动力公司

开发年份：2003—2010年

主体材料：碳纤维，太阳能电池，4个锂离子电池，无刷电动机，特殊聚合物

主要环保策略：只靠太阳能发电夜以继日地飞行，提高能源效率，技术创新，设计卓越工程，可
　　　　　　　持续发展的未来

新伦敦巴士

　　这款创新型的新巴士概念成就了全新的英伦经典，同时又保留了伦敦双层巴士带给人们的友好和亲切的感觉。作为紧凑城市中的紧凑型公交车，它比原来巴士更短，而且轴距小，这意味着它可以很轻易地在伦敦狭窄的街道上行驶。其中最具特色的是斜窗，它能在视觉上增强楼梯的效果，也是伦敦双层巴士标志性设计的组成部分。为了提升安全性，设计者在后入口的地板上安装了照明系统，当汽车要驶离时，该系统能提醒乘客和后面的车辆。这是一款真正可持续汽车，采用混合柴油–电力驱动系统。而且新款巴士较小的尺寸还能减少燃油消耗及尾气排放。

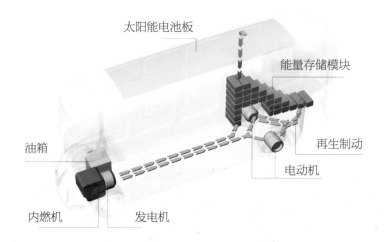

照片：由设计者提供

设计者：海格特·塞纳诺工作室（Héctor Serrano Studio），米

纳罗·加西亚（Miñarro García）和哈维尔·埃斯特班

（Javier Esteban）（英国）

经销商：设计原型

开发年份：2011年

主要环保策略：混合柴油-电力驱动系统，降低油耗

木制自行车

　　这种木制自行车由资深的细木工使用优质的胶水和细木工技术制成，没有使用任何紧固件。这款木制自行车由硬木和多层复合木组合而成。设计者们使用手工制作的模具，将自行车的形状切割下来，再用手将它们打磨成光滑的形状。接着，在切割所需的定位销之前，设计者们标出需要的孔，用于连接底部支架、顶管等。然后进行更多的手工操作，以完成顶管和叉部的连接。最后，将零件装配在一起并进行测试。测试通过便可以在自行车的表面涂上一层木蜡油抛光，这样便完工了。

设计者：比尔·霍洛威，莫罗·埃尔南德斯

设计者：比尔·霍洛威（Bill Holloway），莫罗·埃尔南德斯（Mauro Hernandez）/木作大师

工场与设计工作室（Masterworks Wood and Design）（美国）

经销商：木作大师工场与设计工作室

开发年份：2010年

主体材料：城市木材，多层复合木，硬木

主要环保策略：城市木材，再利用材料，环保安全的罩面漆，耐用，本地生产

产品照片：由K&G摄影工作室和莫罗·埃尔南德斯提供

肖像照片：由K&G摄影工作室提供

Moveo电动车

　　Moveo是一款可折叠电动踏板车，旨在通过满足日益增长的个人交通需求，彻底改变城市交通与通勤。该踏板车便于存放，既适用于个人，也可以作为短途运输的解决方案，并且不需要停车位。Moveo的速度可达45千米/小时，一次充电可行驶35千米。每100千米2千瓦时的低能耗使它成为经济的个人交通工具。它可以被折叠和拖着走，座位则可以变成一个背包。轻巧的碳纤维复合材料使得车身仅重25千克，两轮驱动装置带来非凡的驾驶舒适性。其他特点包括带靠背的皮革座椅、圆盘式刹车装置和LED灯等。

设计者：彼得·乌韦格斯（Peter Uveges）/Moveo 公司（匈牙利）

经销商：Moveo 公司

开发年份：2011年

主体材料：碳纤维增强复合材料本体，计算机数控/铸铝

主要环保策略：超轻重量带来的低能耗，回收刹车，本地生产，手动装配，耐用，可回收
　　　　　　　材料

设计者：
彼得·乌韦格斯

公共产品

照片：由设计者提供

RETO冲浪板

这些独特的冲浪板是用旧滑板制作而成的。滑板运动起源于20世纪50年代末的冲浪运动，而这是一种回馈冲浪运动的方式。这位设计者一开始只是从芬兰各地收集旧滑板，随着设计理念的形成，他开始研究在20世纪70年代冲浪板是如何制造的。当时冲浪板仍然由木头制成，而现在的冲浪板则主要由聚苯乙烯泡沫塑料制成，表面覆盖着玻璃纤维层。在研究阶段之后，经过数月的实验，最终的设计类似于拼图，由数百小块的木板拼合而成。这些木制的冲浪板都是空心的，以便使它们尽可能的轻。

设计者：比约恩·霍尔姆（Björn Holm）（芬兰）

经销商：比约恩·霍尔姆

开发年份：2012年

主体材料：破旧的滑板板面

主要环保策略：回收再利用可持续材料

设计者：
比约恩·霍尔姆

产品照片：由萨米·瓦斯基沃（Sami Vaskivuo）提供

肖像照片：由洛塔·威克兰（Lotta Wiklund）提供

便捷式洁净水生成系统

　　该项目是秘鲁研究人员与一家广告公司合作的成果。利马每年降雨量不到3厘米，尽管如此，高湿度的气候使得直接从空气中收集水分成为可能。大型广告牌从潮湿的空气中收集、产生净化水。广告牌作为传统的广告装置，可以直接从空气中收集水分，然后通过过滤系统净化产生洁净水。该系统每天能够产生96升洁净水。

冷凝器

空气

空气过滤

活性炭过滤

96 升

冷箱

设计者：亚历安德罗·阿彭特，亨伯托·波拉尔，胡安·多纳利西奥

它是如何运行的

设计者：亚历安德罗·阿彭特（Alejandro Aponte），亨伯托·波拉尔（Humberto Polar），胡安·多纳利西奥（Juan Donalisio）/Mayo DraftFbc 公司（秘鲁）

开发年份：2012年

主体材料：紫外线灯，过滤器

主要环保策略：凝结空气中的水，净化水

生物灯

设计者：彼得·霍沃斯

　　这款优雅的生物灯是为净化空气而设计的。设计者选择创造了一种新型的路灯，因为这是一个可以被随时发现的、非常普遍的产品。这些路灯含有混合了水的藻类液体，它们可以将二氧化碳转化为氧气。灯的上部装有通气设备，可以从外部吸入被污染的空气。然后在灯内循环，以便有效吸收二氧化碳。阳光、二氧化碳和水的结合使藻类可以转化出更多的生物能。这是一种可作为燃料使用的副产品，从而使生物灯具备空气过滤器和燃料供应者的双重功能。当饱和的生物能被取用后，这些灯可以重新装满藻类，重复之前的过程。

设计者：彼得·霍沃斯（Peter Horvath）

　　　　　（匈牙利）

开发年份：2010年

主体材料：铝，玻璃，海藻液

主要环保策略：净化空气，生产燃料

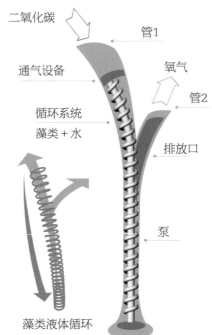

二氧化碳　　　　　　管1

通气设备　　　　　　氧气

　　　　　　　　　　管2

循环系统

藻类＋水　　　　　　排放口

　　　　　　　　　　泵

藻类液体循环

照片：由设计者提供

卡斯普尔·波达德拉城市汽车

这辆双人城市汽车是西班牙设计师卡斯普尔（Casple）和弗朗西斯科·波达德拉（Francisco Podadera）合作开发的。这种小型环保车可以折叠起来，这样便只需要两米长的停车位。汽车坚固的管状结构由复合材料和蜂窝板组成，满足侧面碰撞安全标准。汽车一次充电可以行驶130千米，最高时速可达110千米。

设计者：弗朗西斯科·波达德拉（西班牙）

经销商：设计原型

开发年份：2013年

主体材料：管状底盘和RTM复合材料车体

主要环保策略：电动汽车

照片：由弗朗西斯科·波达德拉提供

蜜蜂之家

　　这间小屋的外墙是由形状如同肺泡一般的小隔间构成的。这些小隔间装满了各种各样的材料，如砖、树枝、芦苇、树皮、干草等。高密度的材料为野生蜜蜂创造了理想的栖息地。而小屋的内部空间是人们的庇护所，它由木头制成并配有木制家具，且都以蜂窝为主题。小屋墙壁上的一些六角形隔间一直敞开着，模糊了室内和室外的界限。

设计者：阿泰利德非盈利组织（Atelierd.
　　　　Org）（法国）

经销商：阿泰利德非盈利组织

开发年份：2012年

主体材料：木材（云杉），针对蜜蜂的天然填
　　　　充物（树枝，芦苇，空心砖）

照片：由圣潘·斯帕奇（Stéphane Spach）提供

设计者：阿泰利德非盈利组织

独轮车

    独轮车是一种小型、绿色和便捷的交通工具。这种陀螺稳定的电动独轮车结构紧凑，骑起来很有趣，可以像电动自行车一样使用。独轮车整体重12千克，设计轻巧，使用方便。它可以被带到办公室、教室、餐厅、公共汽车或火车上。内置的提手使你在到了一段楼梯时可以轻易并快速地拎起。当脚踏板折叠起来时，它只占一个公文包的空间。使用独轮车来替代汽车可以降低汽油成本，减少污染，减轻交通压力。往返时间较短的乘客可以使用独轮车去上班或上学，在办公室或教室为它充电，然后骑行回家。

设计者：肖恩·陈（Shane Chen）（美国）
开发年份：2011年
主体材料：铝，钢，塑料
主要环保策略：电动无污染交通

设计者：肖恩·陈

照片：由卡利·里佐（Karli Rizzo）、肖恩·陈、亚历克斯·罗伊（Alex Roe）、达伦·科尔曼迪（Darren Kormandy）和里奇·塞拉（Rich Serra）提供

"莲花"电动单车

　　这是一款创新、可持续、踏板辅助且精密的电动单车。它主要的铝结构是一条单一的曲线，从自行车的前端开始，并纳入踏板，包住后轮。该设计隐藏了集成电池和无刷BionX电机，其末端位于舒适的鞍座下方。免维护的车轴准确并无声地传递踏板动力。大型LED触摸显示屏还提供有关充电状态、道路系统情况以及最近的"莲花"充电桩的信息。符合人体工学的形状和实用的储物容器使整个骑行系统高度直观且舒适。

设计者：
吉安卡罗·泽玛

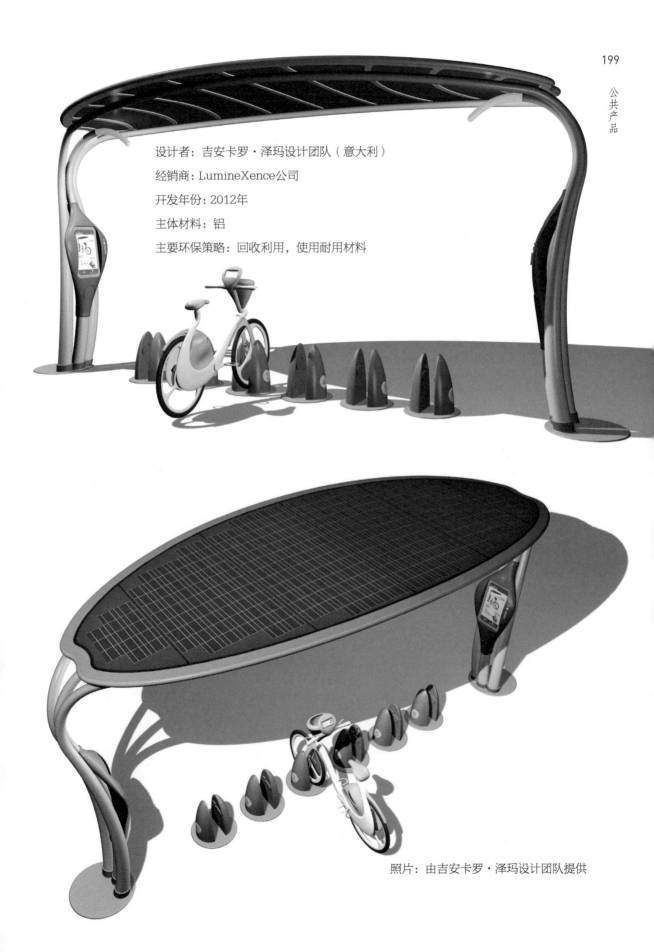

设计者：吉安卡罗·泽玛设计团队（意大利）

经销商：LumineXence公司

开发年份：2012年

主体材料：铝

主要环保策略：回收利用，使用耐用材料

照片：由吉安卡罗·泽玛设计团队提供

太阳能帆

设计者：罗伯特·戴恩

这种创新的设计利用太阳能和风能，再加上复杂的计算机系统，可以为一艘大船提供动力。设计者罗伯特·戴恩（Robert Dane）一开始调查了混合动力船舶的实施情况，以及船舶工业的各个部门使用太阳能帆的情况。太阳能帆在航行中的使用显著降低了燃料成本，减少了船舶对环境的影响。这项技术可以应用于各类船只——从小型舰船到大型散货船。

照片：由太阳能帆公司提供

设计者：罗伯特·戴恩（澳大利亚）

经销商：太阳能帆公司（Solar Sailor）

开发年份：2013年

主体材料：轻质航海材料

主要环保策略：低能耗，减少50%燃油

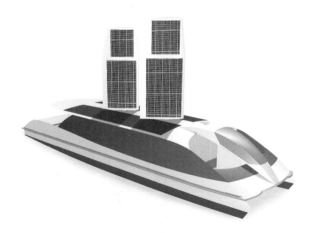

托耐特概念自行车

　　2010年年底，托耐特（Thonet）公司要求位于伦敦的设计者安迪·马丁（Andy Martin）使用20世纪30年代开发的蒸汽弯曲工艺来设计和开发概念自行车。马丁工作室设计了三种不同的方案，并选择了"固定轮"来开发，以使其更加简单美观。设计者所面临的主要挑战是如何采用低技术含量的蒸汽弯曲工艺，并将其应用于具有高度复杂工艺的21世纪自行车。由于手工弯曲木制框架的许多限制，最终的接合和轮廓必须在数控机床上进行切割和调整。安迪·马丁还开发了一系列连接件和弹簧杆，用于加固接头和框架中的主要应力区域。

设计者：安迪·马丁（英国）

经销商：托耐特公司

开发年份：2010年

主体材料：软木，亚麻绳组

主要环保策略：低技术含量的蒸汽弯曲工艺

设计者：安迪·马丁

照片：由设计者提供

Coboc 3.0

Coboc电动自行车是一种带有电动马达的自行车。其特点是极简、重量轻且操作直观简单。当前模型的总重量仅为13.9千克。传动系统的所有部件都集成在Coboc的框架中。设计理念复归本源：它由骑手的肌肉力量控制，直接对骑手的推动做出反应。而优化这一反应过程是产品设计过程中的重点。

设计者：大卫·霍什，皮尤斯·沃肯

设计者：大卫·霍什（David Horsch），皮尤斯·沃肯（Pius
Warken）/Coboc电动自行车公司（Coboc eCycles）
（德国）

开发年份：2012年

主体材料：7020铝合金

主要环保策略：本地生产的整体框架，电动，耐用，可维修
电池

照片：由设计者提供

肯古鲁电动汽车

肯古鲁是一款100%电动汽车，专为坐轮椅的人设计。有了肯古鲁，轮椅使用者不会再被困在一个地方或只能依赖于他人。他们现在可以一天内以40千米/时的速度行驶近100千米。肯古鲁非常简单易用，驾驶员可以在按下一个按钮后进入车内并仍旧坐在轮椅上进行驾驶。肯古鲁能够更好地改变残障人士的机动性。

设计者：社区汽车有限公司（Community Cars, Inc.）（美国）

经销商：社区汽车有限公司

开发年份：2012年

主体材料：钢制底盘，玻璃纤维车身，电机和12伏电池

主要环保策略：100%电动汽车

照片：由德·安·霍夫特（De Ann Hoeft）提供

工作

在私营部门，绿色产品的使用取决于两个主要因素：经济效用和声誉。正因为如此，如果在这一领域的绿色产品物超所值或享有盛誉，那么它们会有特别好的成功机会。因此，可以在办公室使用的节能环保产品拥有很大的市场前景。而通常情况下，让绿色产品具有经济优势往往是立法层面上的问题。因此，非"绿色环保"的产品可能会受到生产实践产生的成本阻碍，或者回收利用的塑料会得到政府补贴，而某种程度上，那些不含回收成分的新塑料则将承担额外的税收和成本。

然而，与这些政府控制机制一起发挥效用的是产品组件本身，它可以为产品带来经济上的优势：有效组成、产品耐用性，或者在需要时具有较短寿命及简单的回收选择。同时减少能源消耗也是设计者可以为设计对象带来的优势属性。它甚至可以是一些简单的事情，比如工程师和设计者与可用的技术设备紧密合

作。两者都致力于为新产品带来最新的技术创新，从而跟上新研究的步伐。强烈依赖于当下研究成果的产品在这里是将很快过时的案例。

由太阳能来支持办公技术的想法，在以前是非常边缘的概念，但现在在新的玻璃办公大楼中，这种想法已经成为现实。在工作场所中更注重美学与造型的产品同样可以适用于私人生活，而"家居"和"照明"两章中的许多

产品也可以被纳入"工作"这一章。

在这里，产品的特性是由行业或个人的需求或愿望所决定的。在某些情况下，产品的短期功能性也可以被视为一种优势，其产品的组成成分可以完全进行回收。当然，在其他情况下，产品质量的好坏还是取决于材料的耐久性。

安全渔网

设计者：丹·沃森

　　安全渔网旨在打击过度捕捞。它利用鱼类的行为习惯和生理学特征，在拖网过程中分离不同种类和年龄的鱼类。逃逸环是加固装置，其安装在网眼中以使它们保持敞开。这些开放式孔洞为小型鱼类提供了一种简单可靠的逃生途径，当它们逃离时，受伤的风险会比以往小很多。这些环像紧急出口一样亮着，以提醒鱼类它们所处的危险，并引导它们前往出口。设计者的目标是将安全渔网设备与立法协同作用，以帮助解决渔业捕捞中的兼捕渔获物、丢弃和不可持续等问题。

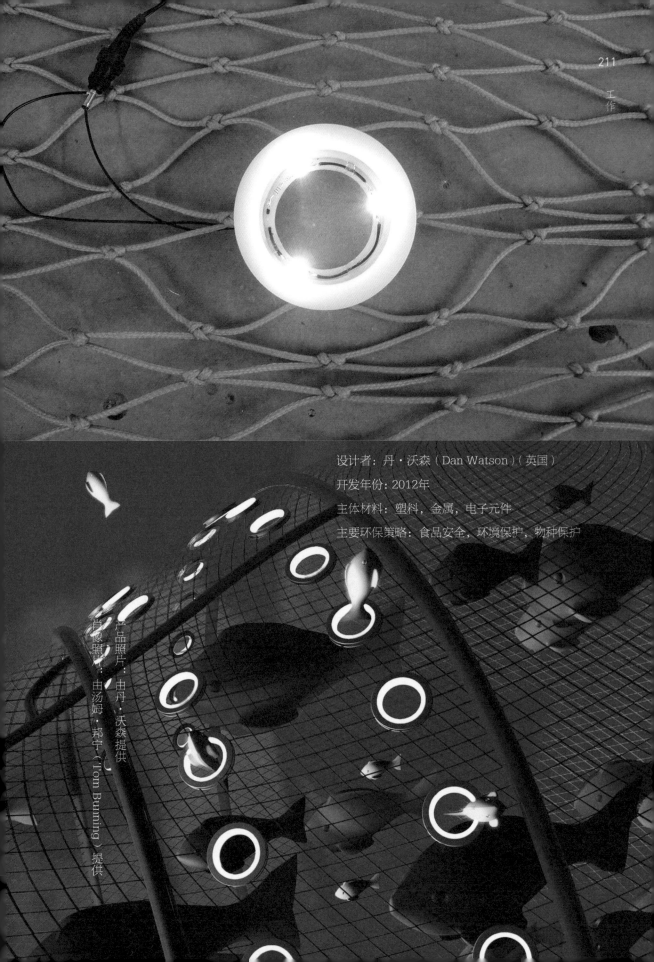

设计者：丹·沃森（Dan Watson）（英国）

开发年份：2012年

主体材料：塑料，金属，电子元件

主要环保策略：食品安全，环境保护，物种保护

肖像照片：由汤姆·邦宁（Tom Bunning）提供

产品照片：由丹·沃森提供

德博拉办公桌

这张经典的办公桌是由贝德福德郡的Reestore有限公司用真正的飞机机翼改造而成的。在英国纯手工打造的德博拉办公桌，每一张都是原装的，并且都由飞机机翼面板精心手工铆接而成。德博拉办公桌可以定制不同的颜色，甚至可以将客户公司的标志或喜欢的名言警句加到玻璃台面，以打造完美的个性化办公桌。该设计为客户提供了一款实用的办公桌，客户可以根据自己的喜好设置不同的款式和颜色。德博拉办公桌只能直接从Reestore有限公司订购。

设计者：马克斯·西尔瓦纳（Max Silvana）
　　　　（英国）

经销商：Reestore有限公司

开发年份：2007年

主体材料：飞机机翼面板，玻璃

主要环保策略：回收利用材料，本地生产

照片：由设计者提供

设计者：马克斯·西尔瓦纳

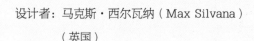

杰瑞米桌

这张独特的桌子是由一台升级改造的罗孚V8发动机制成的。镀铬的表面涂层赋予了这个产品真正的闪光点和魅力——使它不仅成为一张引擎桌，而且是一件引人注目的艺术品。它表面镀有耐磨铬涂层，配有调平球和与插座高度接近的可调节支脚，顶部是一块8毫米厚的抛光玻璃。玻璃还可以个性化印制客户的姓名或公司标志。

设计者：马克斯·西尔瓦纳（英国）

经销商：Reestore有限公司

开发年份：2012年

主体材料：升级改造的罗孚V8发动机，玻璃

主要环保策略：再利用材料，本地生产

照片：由设计者提供

设计者：马克斯·西尔瓦纳

"表面质感"系列

　　"表面质感"系列是一系列智能手机壳，由天然木材或天然皮革制成。它们均由日本的工匠使用传统工艺制造而成。这个系列的木制手机壳是世界上最薄的智能手机木壳之一。它十分环保，有用到胡桃木、雪松和柚木以及一些被认为不适合作为建筑材料的废弃木材。而皮制手机壳是用日本兵库县一种已有800年历史的传统皮革鞣制技术制成的。这些手机壳采用可变切割技术进行切割，保持了皮革或木材的形状和自然美。

设计者：秋山昌也

设计者：秋山昌也/卡勒思公司（日本）

经销商：卡勒思公司

开发年份：2012年

主体材料：天然木材，皮革

主要环保策略：天然木材，超薄木片

照片：由中村章一郎提供

"童年记忆"系列

　　"童年记忆"系列是由一种意想不到的材料——碎的蛋壳，压制在一起而形成的产品。第一个系列是一组文具套装，包括一支铅笔、一个笔架和一块橡皮擦。该系列内的所有产品均由蛋壳与蛋清结合而成。第二个系列包括具有护身符功能的环形铅笔。这些产品旨在反映人与自然之间脆弱的关系。

 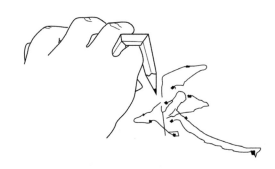

设计者：尼古拉斯·程（Nicolas Cheng）（瑞典）

经销商：尼古拉斯·程工作室（Studio Nicolas Cheng）

开发年份：2012年

主体材料：蛋壳，蛋清

设计者：尼古拉斯·程

照片：由设计者提供

1号切割桌

　　这个纸板切割桌的设计灵感来自设计者不断旅行的经历，以及受到一件事阻碍的游击工作室，而这件事就是没有干净的工作表面。这种轻而坚固的波纹结构是为了满足旅行设计者和空间有限的学生的需求而设计的，或者是旅行中的学生和空间有限的设计者，他们需要符合人体工学的坚固的平面进行切割、折叠、绘图或设计。这款经济实惠的可生物降解的桌子在一天工作结束时可以轻松收纳，从而使用户重获宝贵的生活空间。

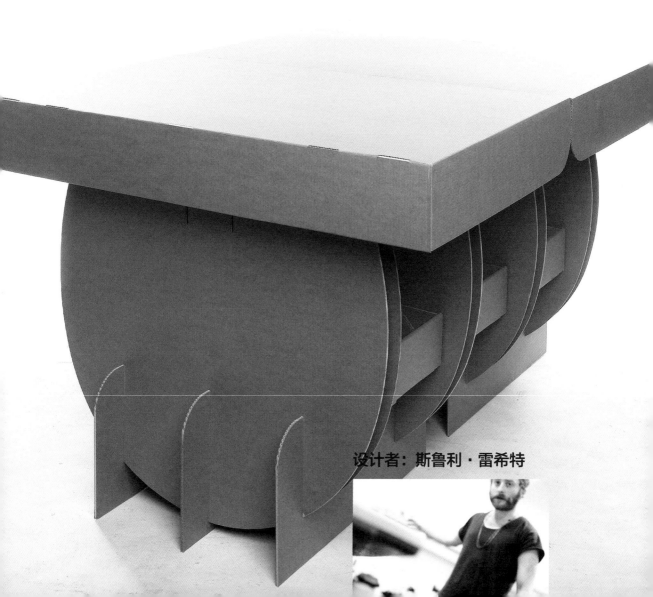

设计者：斯鲁利·雷希特

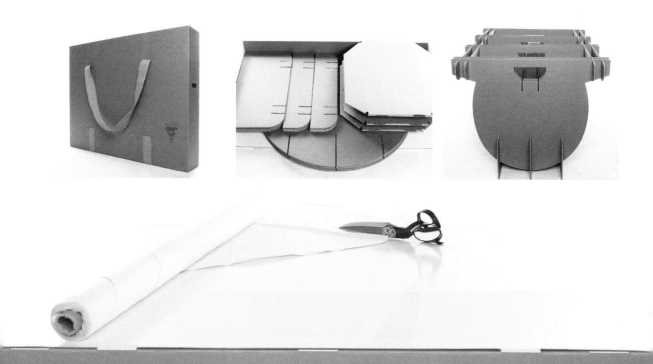

设计者：斯鲁利·雷希特（Sruli Recht）（冰岛）

经销商：斯鲁利·雷希特

开发年份：2008年

主体材料：硬纸板，聚氨酯

主要环保策略：再生材料，本地生产，手工制作，经久耐用

照片：由设计者提供

蛇形系列家具

　　这是一条有趣、欢快、五彩缤纷的"蛇"，有着弯曲的轮廓，几乎像一个卡通玩具。儿时的记忆让设计者吉安卡罗·泽玛设计了这个崭新的折纸家具品牌；这是一个非常基本的，同时也很有趣的产品系列，包括由回收的双色纸板制成的书桌和椅子。这是一款理想的家具，可以以一种清新和非正式的风格来装饰智能环保的家居或办公环境。

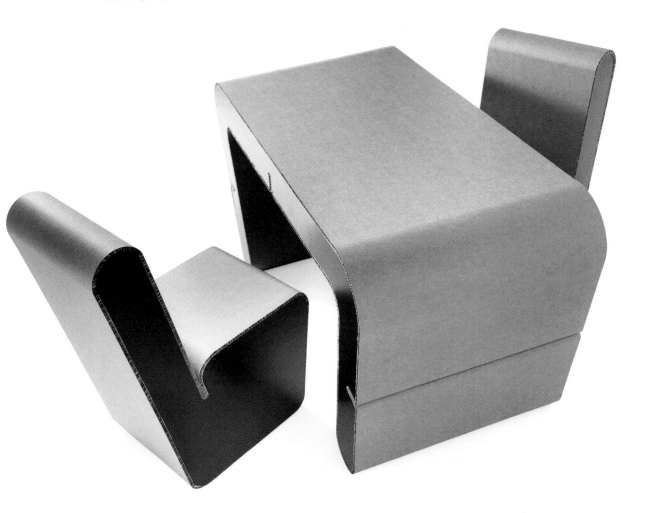

设计者：吉安卡罗·泽玛

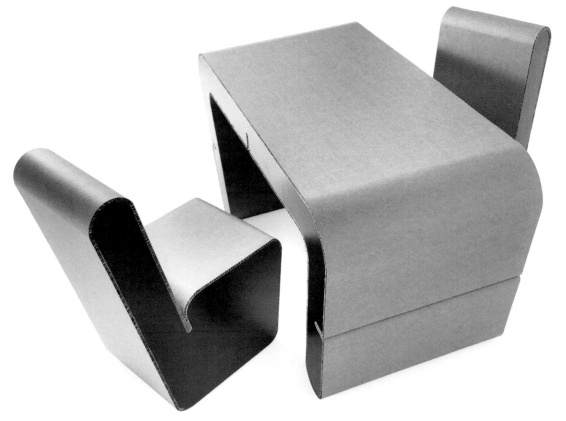

设计者：吉安卡罗·泽玛设计团队（意大利）

经销商：折纸家具公司

开发年份：2013年

主体材料：再生纸板

主要环保策略：回收利用，使用耐用材料

照片：由吉安卡罗·泽玛设计团队提供